U0009394

LOCUS

LOCUS

LOCUS

LOCUS

站在巨人肩上　**8**
On the Shoulders of Giants

星空的思索

作者：吳建宏　余海禮　李國偉　童若軒　陳江梅
責任編輯：湯皓全
美術編輯：何萍萍
法律顧問：全理法律事務所董安丹律師
出版者：大塊文化出版股份有限公司
台北市 105 南京東路四段 25 號 11 樓
www.locuspublishing.com
讀者服務專線： 0800-006689
TEL ：(02) 87123898　FAX ：(02) 87123897
郵撥帳號： 18955675　　戶名：大塊文化出版股份有限公司
版權所有　翻印必究

總經銷：大和書報圖書股份有限公司
地址：台北縣五股工業區五工五路 2 號
TEL ：(02) 89902588 (代表號)　　FAX ：(02)22901658
排版：天翼電腦排版印刷有限公司　　製版：源耕印刷事業有限公司
初版一刷： 2006 年 3 月

定價：新台幣 220 元
Printed in Taiwan

星空的思索

一幅有待完成的宇宙拼圖

吳建宏 余海禮 李國偉 童若軒 陳江梅 著

目錄

序言
星空的思索

　　哥白尼、伽利略、克卜勒、牛頓,以及愛因斯坦;五個人類歷史上的傳奇人物,五本開創近代文明的奇書,我們又能從他們身上學到什麼?獲得什麼樣的啟示?

　　「時間是什麼?可以拿在手中把玩、摩挲嗎?」

　　「宇宙為何如斯神祕?總是悉時地給我們驚喜!」

　　「生命的意義為何?人心為什麼總是充滿著好奇?」

　　要回答這些問題,我們得先拼湊出一幅宇宙拼圖。人類的文明就是追尋這幅拼圖最終圖像的精彩過程;不同時代、不同的文化氛圍對這些問題有著迥異的解讀,甚至不同的提問方式。在中國,最早的想法是把這些問題歸源於「天」或「天道」;古希臘認為要放棄我們感官所能感觸到但缺陷重重的世界,追究背後永恆不變、完美無缺的真實世界;中世紀的西方則把一切歸究於「神」的安排。但從這五個人開始,卻認為只要依憑「理性」的力量就足以完成宇宙的拼圖,解答這些問題;另一方面,他們在態度上不再追問「宇宙為什麼……?」的問題,轉而嘗試描述「宇宙是什麼……」、「宇宙要如何……」。這種對

理性的信念及提問題的態度上的轉變,催生了現代科學,開啓了今日文明的新風貌。科學理論從此藉數學量化的描述而得以在實驗的重覆檢定、測試中日趨精準,但此一轉變卻在另一方面從根本上改變了宇宙與人類間的關係。在客觀描述的意義下,科學不再追問「存在的意義是什麼?」、「存在的價值是什麼?」……等與人生息息相關的主觀問題。宇宙變成只是一個按照物理定律以既定的數學形式運作的大機器,斷絕了一切跟人的關係;從此,人如何與自然和諧共處不再是科學理論的主題。

生活在二十一世紀,我們一方面慶幸經歷了多事的二十世紀後,人類的文明終於要踏入新紀元,這將是一個離開不了科學的時代,卻也將是個潛藏著不少危機的時代。兩次世界大戰證明了科學無法保障人類生活的幸福,科技文明的空前發展,對人類未來的挑戰及帶來的危機也是空前巨大的!「未來,人類的文明又要往哪裡去?要走上勞役、毀滅,又或更遼闊的自由之路呢?」。

細觀人類過去,我們知道文明終究是無法一蹴可就,總是在一步一腳印中匍伏前進,在傳承的嬗遞中辛苦地推移開創。因此,我們的祖先很早便知道「溫故知新」,進而「鑑古知今」。歷史也沒有薄待我們,每個時代的困境總是大同小異,相互之間的蛛絲馬跡隱約可尋,在人類進退失據的困頓時刻為有心人提供線索,於迷霧中指點方向。

五個人,五個迥異的人生故事,五種科學及文化面向,橫跨五個世紀。他們的一些想法,最早自明末開始便與我們的文化接觸,在接觸的過程中,他們的想法又如何影響我們今日的

想法？我們又將要如何在固有的基礎上回應他們的挑戰？這本
小書並沒有提供答案。我們嘗試透過一些關於他們的小故事還
原部分的歷史圖像，以現代語言解讀五本經典原著中一些有關
宇宙的深刻問題，勾勒其中思想的傳承，窺見他們於面對各種
可能理論的取捨之間的果斷、識見及勇氣，比較今日與當時人
們在追尋這宇宙拼圖過程中所遭遇到困境之異同，回溯一些他
們的想法與我們的文化接觸、交鋒的歷史過程及因緣；企圖在
人性的底蘊中透析過去歷史的同時，讓你我都能站在巨人肩膀
上的制高點來一起完成這幅宇宙拼圖、迎向未來。

余海禮

宇宙的本輪
哥白尼：《天體運行論》

一、引言

　　2002 年初冬，我從臺北飛到義大利波隆那（Bologna），訪問隸屬於義大利國家科學委員會的宇宙太空天文物理所兩個星期，參與他們的宇宙微波背景輻射研究之太空實驗計劃。波隆那是義大利著名的工商大城，處於一個交通樞鈕的中心位置，從波隆那搭兩個鐘頭的火車便到達米蘭，到威尼斯也要二小時，到托斯卡那的佛羅倫斯只要一小時。其實，波隆那是一座中世紀古城，古城圍牆像一只戒指圍繞著主要市中心。市中心內，放眼望去盡是赭紅磚瓦色彩的古建築物和其他西歐國家沒有的拱廊街道或騎樓。據說，波隆那因為雨多，騎樓是用來避雨的，方便走動，可見古波隆那人們的不受環境所限制及主動的性格。

　　宇宙太空天文物理所落在波隆那城外北方市郊，城內有全世界最古老的波隆那大學。這所大學，於十一世紀創校，迄今

已經有九百年歷史了。自五世紀後羅馬帝國開始衰頹，歐洲即逐漸陷入「黑暗時代」，封建諸侯與教廷主教的權力傾軋，干戈連年，社會人文完全爲宗教神學所籠罩，長達幾近一千年之久，直到早期義大利文藝復興時期爲止。波隆那大學就是從中古黑暗時代走進文藝復興時期的最好見證者。

　　我便利用星期天的空檔參觀了波隆那大學的大學博物館。其中的天文博物館藏身在一座十八世紀的石塔樓，塔樓的頂樓以前是供作天文觀測用的，現在各室則展示出十八到十九世紀當年的天文觀測儀器。我看到了不少當時製造的天文望遠鏡，沒有想到那個年代竟然可以造出那麼精密的儀器。使我印象最深刻的是，我赫然看到了一些關於哥白尼的文獻，原來哥白尼年青時曾經在波隆那大學求學並開始進行對天體的天文觀測。1497 年三月的一個晚上，哥白尼追隨他的老師德‧諾瓦拉（de Novara）做了一次月掩星的觀測，奠定了他日後提倡日心體系的基礎，從而促成了科學上的「哥白尼革命」（Copernican Revolution）。出了塔樓，我走進了另一個博物館，這是展示出中古時期的人體解剖學，陳設了許多人體解剖模型。有一個展覽室專門介紹人類嬰兒出生的過程，亦有好幾十個模型展現出胎兒在母體胎盤中各式各樣難產的狀況，鉅細靡遺，每個都塑造得栩栩如生，我看了都覺得有點恐怖。參觀完了，離開大學博物館，走在石街梯的路上，看著兩旁偉大的羅馬式古城堡，對古人佩服之意，悠然而生，他們對自然界無限的好奇心與細膩的觀察力，實踐了實驗科學的求眞精神，並埋下日後理性科學開花結果的種子。

　　訪問完宇宙太空天文物理所後，我離開了波隆那，乘火車

到佛羅倫斯,參加一個天文物理國際性會議。佛羅倫斯是義大利文藝復興的發祥地,人文薈萃,先後有大詩人但丁、大畫家及科學家達文西和大雕刻家米開朗基羅等等。他們在科學、哲學、文學和藝術等的作品,表現了人文主義與現實主義,以新的世界觀推翻封建以及神權的舊思維,標榜理性和提倡個性自由以擺脫中古的宗教桎梏,爲近代文藝學術和實驗科學的發展開闢了寬闊的道路。這個文藝復興的山城,擁有基督教世界中最龐大的宗教大教堂、米開朗基羅著名的大衛像和新聖母堂內傑出的寫實主義巨型壁畫等等。只可惜我的行程倉促,在佛羅倫斯停留不到一個星期,便返道臺北。

這次出差,對我確是一趟不折不扣的人文之旅,從波隆那到佛羅倫斯,從黑暗時代到文藝復興,從哥白尼到達文西,那種時地人的綜合交錯,在我腦海中盤旋不已,激盪出不少新的意念及內心深處的反省。讓我從哥白尼的《天體運行論》開始,談論宇宙學的發展,並介紹近代宇宙學的狀況及宇宙觀測最新的發現。雖然我們現在對於宇宙的了解,遠超過哥白尼時代,但是以我們目前所知道的科學基礎和所採信的宇宙理論,去試圖解釋觀測到的宇宙現象時,的確碰到前所未有的瓶頸。這好像意味著我們正需要另一個哥白尼革命。

二、哥白尼與《天體運行論》

尼古拉・哥白尼(Nicolaus Copernicus, 1473-1543)出生在波蘭維斯瓦納河(Vistula River)畔的托倫(Torun)。他的父親是當地有名望的商賈,在哥白尼十歲時去逝,是他的舅父

撫養他成人。十八歲那年，哥白尼進入波蘭舊都的克拉科夫（Kraków）大學學習醫學，並開始對天文學產生興趣。四年後回到托倫，他的舅父剛上任主教，勸說他爲著日後生計無虞，加入教會工作。1497 年，他的舅父差使哥白尼到義大利波隆那大學繼續深造；同年，哥白尼被選爲弗勞恩堡（Frauenburg）的大教堂僧正。

在波隆那大學三年半的歲月裡，哥白尼研讀希臘語文、柏拉圖的著作和數學，更進一步接觸當時的天文知識及想法。1497 年 3 月 9 日，哥白尼追隨他的老師德・諾瓦拉做了生平第一次的天文觀測，記錄下月球遮掩金牛座的過程。1501 年，哥白尼回到弗勞恩堡接受了天主教會職務，短暫停留後，便返回義大利，在帕多瓦（Padua）大學學習法律和醫學。1503 年，哥白尼獲得了教會法博士學位之後，回到克拉科夫，負責處理一些主教教區的行政事務，同時也擔任他舅父的顧問，一直到他舅父去世。1512 年，哥白尼就永久定居弗勞恩堡，終身擔任牧師職務，同時行醫，專爲貧苦大眾看病。

得到他舅父的栽培，哥白尼不但有了穩定的經濟支援，並且是數學、天文學、醫學和神學方面的學者。他身爲教會牧師，使他非常了解當時神學家們所接受和擁護的地心體系，也深深感受著宗教對這種宇宙模型的無上權威，但他對天文學卻有濃厚的興趣，天文的觀測往往與神權思維相違背，挑戰教廷本身的威嚴，一不小心，便可能被教廷定爲異端，受到譴責和審判，甚至有牢獄之災或殺身之禍。哥白尼自己並沒有進行大量的天文觀測，他都是有計劃地完成系統性的天文工作，使得他可以重新計算太陽、月球、地球和其他行星的運行。最早的天文工

作是 1497 年的月掩星觀測和 1501 年在羅馬對月食進行了一次認真的記錄，並於 1513 年建造了一座觀測塔樓，直到 1529 年，他已發表了 27 多次的天體觀測結果。

1510 到 1514 年間，哥白尼寫了一本簡短的手稿《要釋》（*Commentary on the Theories of the Motions of Heavenly Objects from their Arrangements*），闡述恆星每天的視運動、太陽的年周運動和行星的逆行現象，都是地球繞著地軸自轉並同時沿著以太陽為中心的軌道運轉共同所產生的結果。因此，地球不是處在宇宙的中心，我們就如同其他行星一樣，也繞著靜止的太陽旋轉。這個日心體系的理論顯然違悖了教廷以地球是靜止不動的地心體系，為了避免受到教廷和神學家們的譴責，哥白尼拒絕出版《要釋》，只是謹慎地讓它在朋友私底下流傳。此時，哥白尼在天文學方面已聲名大噪，教廷主教邀請他發表對教曆改革的看法，但他仍拒絕表達任何強烈的觀點，他只覺得當時測量太陽和月亮的位置的準確度還不足以讓人們對教曆重新估算。往後幾年，哥白尼利用圖解及數值計算不斷地修訂和增補《要釋》，終於在 1530 年完成了《天體運行論》（*On the Revolutions of Heavenly Spheres*）。其中最大的轉折點是他把太陽從宇宙的中心稍微移開了一段距離，故《天體運行論》實質上不是日心體系，而是日靜體系。1536 年，教皇克萊門七世正式要求哥白尼出版《天體運行論》，他的朋友也常常敦促他發表他的理論，可是哥白尼還是猶豫不決。到了 1540 年，哥白尼的弟子終於獲得他的首肯，帶著完整的手稿去德國紐倫堡（Nürenberg）尋找印刷商，可是受到當時新教神學家的攻擊而作罷。他的弟子隨後轉赴萊比錫（Leipzig），把手稿交

給了路德教派神學家奧西安得（Osiander），由他負責《天體運行論》的編印。因為害怕日心體系違悖了《聖經》，會受到教會的批判，為了安撫地心體系的死忠者，奧西安得擅自摻進了一段序言，強調《天體運行論》的日心體系只是為了簡化行星運行計算的一種方法而已。據說，哥白尼直到臨終時最後一天才在老家弗勞恩堡收到了這部偉大著作的印刷本。哥白尼於1543年5月24日與世長辭。

　　從《要釋》的初步嘗試到《天體運行論》的完成，哥白尼總共花了二十個年頭，卻又晚了十三年才出版。他把日心體系的理論埋藏了三十幾年！身為一位哲學科學家，這是何等痛苦的一件事，正因為科學家的職責就是要探求萬物的真理，宣示自然奧祕之美。哥白尼是一位牧師，信奉上帝，尊敬教廷，他深深地了解到，地球靜居於宇宙的中心是上帝的安排，神職人員甚至奉為教條，所以如果提出迥異的論調而說地球就像其他行星一樣，繞著太陽運轉，一定會被教廷視為異端，受到莫大的譴責；況且他亦擔心理論中新奇難懂的東西也許會遭到同行的恥笑。我們可以了解，這些原因是如何使得哥白尼猶豫不決甚至喪志灰心。在《天體運行論》致教皇保羅三世序言中，哥白尼寫道，如果不是他的朋友經常鼓勵他的地動學說及敦促他發表這部著作，他可能已經放棄了這項未完成的工作。另一方面，讀過《天體運行論》後，就可以體驗到哥白尼那種大膽假設、小心求證的精神，他仔細參閱幾乎全部有關於天體觀測的文獻，當他進行天文觀測時，也都力求認真和精確，務使自己的天文發現和現象解釋得到適當的確認。哥白尼儘量想把《天體運行論》弄得完整，但總覺得很多地方需要修訂，況且，他

對地心體系的反駁有些地方只流於形而上學的辯證，也許這些都是引致他遲疑不願出版此書的原因。

三、地心體系及本輪

西元前四世紀希臘哲學家亞里斯多德 (Aristotle) 在其《論天》(*De Caelo*) 一書中就提出 (見圖一)：

1. 天穹是由五十多個同心水晶球體組成，地球正位於宇宙的中心。
2. 因為地球上物體垂直落向地心，所以地球是靜止不動的。
3. 行星依附在不同的球體上，每個球體以不同勻速旋轉。
4. 恆星則固定分佈在外層的球體上。
5. 最外面是「原動者」，「原動者」驅使最外層的球體以勻速旋轉，然後一層一層的帶動整簡體系旋轉。

只要適當調整每個球體的旋轉勻速度，這個地心體系大致上可以描述不少行星的運動，可是卻無法解釋行星的亮度變化及逆行的現象。埃及哲學家克勞迪烏斯‧托勒密 (Claudius Ptolemy, 87-150) 為了改良亞里斯多德地心體系的缺點，別出心裁地設計了「本輪」(epicycles) 的機制。托勒密的宇宙模型，除了保持著地心體系，還增加了一些假設：

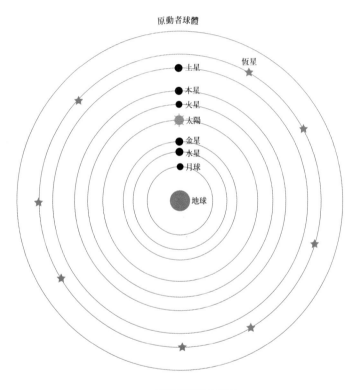

圖一　亞里斯多德地心體系

1. 地球是靜止不動的。
2. 行星並不依附在同心球體上，而是依附在球體上的圓圈（見圖二）。這些圓圈叫「本輪」，中心依附在叫「均輪」的球體上，均輪的圓心就是宇宙的中心。
3. 均輪以勻速旋轉，本輪中心跟著均輪作勻速圓周運動，同時本輪以勻速旋轉。

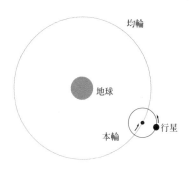

圖二　均輪及本輪的旋轉

　　因為本輪轉動，行星在天空上就不只向一個方向運行，同時行星與地球的距離在改變，會引起行星亮度的變化。① 只要適當調整本輪的大小及旋轉勻速度，這種圖景就可以解釋行星的亮度變化及逆行的現象。但是，這個機制仍然無法對行星運動

---

① 托勒密地心體系中行星的亮度變化及逆行現象的動畫展示：http://csep10.phys. utk.edu/astr161/lect/retrograde/aristotle.html。本網頁是美國田納西大學物理及天文系課程講義。

給出精確的預測。托勒密為了進一步解釋行星運動速度的不均
勻性,他又增補了兩個假設:

4. 次本輪的出現,其中心跟著原本輪作勻速圓周運
   動,本身仍以勻速旋轉(見圖三)。
5. 地球並非位於均輪的圓心或宇宙的中心,均輪的圓
   心與地球之間有些距離,在地球與均輪圓心連線的
   另外一側等距的地方,有一個想像的點叫「均衡點」
   (equant)(見圖四)。

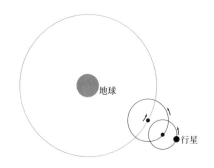

圖三　本輪上的本輪

同樣的,只要適當調整次本輪的大小及旋轉勻速度,托勒密就
能更好地預測天體的運行。托勒密與亞里斯多德的宇宙模型雖
然都是地心體系,但是在托勒密的宇宙模型裡地球再不是宇宙
的中心,在思想上這是一個莫大的改變。總言之,托勒密所保
留的只有靜止不動的地球和勻速圓周運動兩個概念。
　　亞里斯多德的地心體系,奉信著隱藏在恆星後面的原動

圖四　均輪圓心和均衡點

者，是給予整個宇宙動力的泉源。當時神學家們往往把原動者等同於上帝，所以頗能接受這種宇宙模型。托勒密雖然引入偏心均速點，地球實際上並不處在宇宙的中心，但是基本上與教會的信仰並沒有太大的衝突，況且他的宇宙模型仍然需要原動者的存在，又可以對行星運動給出合理的解釋。這樣一個本輪一均輪的地心體系，被人們奉為圭臬，教廷也把它當做真理接受了下來。

　　得到宗教權威者教條式的擁護，又適逢黑暗時期科學技術的落伍和人們思想的僵化，亞里斯多德和托勒密的地心體系盛行了差不多二千年，在這段期間地心體系基本上沒有多大更動，整個科學發展實質上已停頓。但是，隨著天文觀測資料日益增多，為了要適當地解釋這些觀測的結果，需要不斷地增加本輪的數目。到了哥白尼時代，托勒密地心體系的本輪數目已經增加到八十餘個，使得這個系統極為複雜。更為糟糕的問題是，托勒密所採用遞增本輪的辦法，最後淪為頭痛醫頭腳痛醫

腳之能事，漸漸失去了古希臘大思想家畢達哥拉斯（Pythagoras）柏拉圖（Plato）的理想主義傳統——如何能夠利用簡單又完美的正圓勻速運動來展現天體的規律。當哥白尼對行星運動的研究越有進展，他對托勒密的宇宙模型就越不滿意，最後他決定揚棄地心體系而採納日心體系，在 1514 年寫成了《要釋》。

四、日心體系及本輪

事實上，哥白尼不是第一個提出日心體系的概念，早在公元前二世紀希臘天文家愛里斯塔克斯（Aristarchus, 310-230 BC）就有了地球自轉及繞著太陽公轉的結論，同時他指出行星是繞著太陽運行的，還有在天球上的恆星其實像太陽一樣發出巨大亮光，只不過它們與地球的距離很遙遠而已。

哥白尼的《天體運行論》共分為六卷，在第一卷中，先敘述了全書所依賴的主要基本法則：

1. 以歐幾里得的《幾何原本》（*Elements*）裡直線、弧、平面和球面三角的性質為基礎。
2. 太陽是靜止的，位於宇宙的中心附近（如圖四，以太陽換上地球的位置）。行星繞著宇宙的中心以不同的勻速度作圓周運動，恆星則固定在無比遙遠的天球上（見圖五）。
3. 地球有三重運動，即繞著地軸周日自轉、繞著太陽做周年轉動和傾角的周年運動。
4. 月亮以地球為中心作勻速圓周運動。

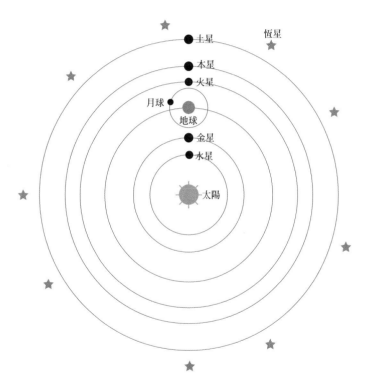

圖五　哥白尼日心體系

此外，他指出托勒密地心體系的不當之處，反駁日心體系的反對者，並且討論日心體系裡行星的次序。由於行星的圓周運動是以太陽而不是地球爲中心，並且不同的行星有不同的角速度，因此行星與地球的距離會隨著時間變化，以及行星在天空的移動方向會改變，哥白尼的日心體系很容易就解釋了行星的亮度變化及逆行的現象。② 在第二卷中，他應用上述的法則去解釋恆星和行星的視運動，證明太陽的視運動是歸於地球的轉動。第三卷是討論地球的運動，進一步說明地球繞著地軸的轉動如何引致春分點和秋分點的歲差。第四、五和六卷說明了月球、金星、水星、火星、木星和土星的運動。

亞里斯多德和托勒密的地心體系與哥白尼的日心體系最大的共通點，是兩者均努力貫徹了畢達哥拉斯主義的理想，都保持了匀速正圓周運動，並且幾乎所有的圓周運動都沿著同一個方向運行。從畢達哥拉斯到哥白尼，他們探求宇宙萬物的奧祕時都是依賴著相同的原理——簡單及完美。宇宙和天體是球形的，因爲在一切形狀中，球體是最完美對稱的；天體的運動是圓周運動，因爲球體的運動就是沿圓周運動，顯示它具有最簡單物體的形狀。不過，我們應該可以了解，他們那個時候還不曉得力學原理或萬有引力的存在，如果只有基於簡單與完美的原理，似乎正圓周運動是唯一可以應用的工具了。雖然哥白尼的日心體系大致上說明了天體的運動規則，但是仍然無法正確

---

② 哥白尼日心體系中行星的亮度變化及逆行現象的動畫展示：http://csep10.phys. utk.edu/astr161/lect/retrograde/copernican.html。本網頁是美國田納西大學物理及天文系課程講義。

地解釋比較細膩的星象觀測結果（這個差異是由於行星的軌道不是圓形的，而是橢圓形的）。為了補救這個缺點，哥白尼與托勒密一樣，除了繞著宇宙中心作圓周運動的均輪外，還是引入不同的本輪，行星就依附在勻速旋轉的本輪上。然而，日心體系比起地心體系，最明顯的優點是它的簡潔性，它把原本地心體系的八十多個大大小小的輪子減少到大約三十多個。

　　無論是托勒密的地心體系或哥白尼的日心體系，它們在天文學上的貢獻都非常偉大，不但初嘗建構簡單的模型去瞭解看起來相當複雜的天文現象，更重要的是，它們應用了幾何數學和光學的原理，對天體的大小、距離和轉動周期等進行測量。當然，如果我們從今天的科學觀點去評論這兩個體系，結論將會是它們是大同小異的！雖然日心體系比地心體系簡潔，但是兩種模型都沒有注入物理性動力，也就是說它們兩者並沒有預測的能力。舉一個例子，一個運動選手在運動場上跑步，他的跑速是每分鐘 400 公尺，跑道一圈的長度為 400 公尺，請問如果他從起點出發，一分鐘後他會跑到哪裡？我的回答是：他跑回原點。我好像有預測的能力，其實不然，我只是做了一項運動學上的數學計算，其實答案已經藏在問題裡，我並沒有應用額外的知識來算出答案。速度每分鐘 400 公尺的意義就是一分鐘跑 400 公尺，一分半鐘跑 600 公尺，兩分鐘跑 800 公尺等等。我們現在知道行星的軌道是橢圓形的，並且它們在軌道上的運行速度會隨時間變化。因此，地心體系或日心體系裡對於行星勻速圓周運動的假設是不對的，托勒密和哥白尼必須在完美的均輪上放入大小本輪來修正行星的運動。顯然地，選擇太陽為參考座標的中心來描述行星的運動是比較方便的。

　　其實，像這種頭痛醫頭、腳痛醫腳的情形，在近代物理基本粒子學裡對物質基本結構的研究上也發生過。物理學家引入「規範對稱原理」（principle of gauge symmetry）來規範基本粒子的相互作用，試圖建立有規範對稱的粒子模型去解釋基本粒子現象。可是，粒子碰撞實驗的數據告訴我們，微觀世界並沒有完全遵照這些規範對稱，於是物理學家又引進某些破壞機制來修正原本有規範對稱的粒子模型。例如60年代的溫伯格-薩拉姆（Weinberg-Salam）的「基本粒子模型」（Standard Model），是基於弱電（electroweak）相互作用的規範對稱群，他們引進了阿格斯破壞機制（Higgs breaking mechanism）來破壞這個規範對稱群。我們在第六節將會討論更多有關物質基本結構的問題。

　　《天體運行論》出版以後，並沒有立刻對當代天文學研究產生很大的影響。但是這部著作帶來了哥白尼革命，它完全改變了人類的宇宙哲學觀念，促進了十七世紀現代自然科學的長足發展。恆星位於非常遙遠的天球，使人們相信宇宙的尺度比想像中大了許多，甚至使人懷疑宇宙可能是漫無邊際的，恆星就分佈在整個空間，太陽系也許只是宇宙裡眾多恆星體系中的一個，直接挑戰了所謂原動者的存在。亞里斯多德的地心學說告訴我們，物體自然的垂直落向地心，正因為那裡就是宇宙的中心。在日心體系裡地球再不是宇宙的中心，意味著我們對自由落體需要一個新的解釋。哥白尼在《天體運行論》第一卷寫道：地球可以被看成一顆行星，我們就可以探討宇宙的中心到底是不是地球的重心。他認為重力或重量性質不是別的，而是神聖的造物主注入物體各部分中的一種天然傾向，以使其結合

成爲完整的球體。哥白尼日心體系的成功，使人們再不把地球看作是造物主宰的傑作，它只不過是天上許多行星中的一顆，宇宙再不是永恆不變的，它的物質與地球一樣，都可以隨時變化甚至腐敗，這些思想顛覆了人世與上天的分隔。哥白尼的日心體系，使人們重新思考重力的性質，爲什麼地球作高速自轉時地上的物體不會飛走？爲什麼空中的飛鳥跟著地球繞著太陽公轉？這些問題的解答最後導致了牛頓的運動定律和萬有引力定律。③

五、宇宙的暗物質和暗能量

托勒密的地心體系和哥白尼的日心體系，對於宇宙的結構給予一個粗略的輪廓。因爲受到觀測能力的限制，他們只能描述地球附近運行的行星，至於太陽系以外遙遠的星系，他們則認爲是固定的分佈在外層的球體上。這些的宇宙模型，因爲缺乏了科學理論的基礎及觀測的驗證，只淪爲形而上學。宇宙學的發展，一直到本世紀初才開始萌芽開花。

廣義相對論最重要的結果之一是愛因斯坦重力場方程式，它把時空的扭曲與物質的分佈關聯起來。④ 1910 年代，宇宙學家們應用愛因斯坦方程式來探討宇宙的動力學，推算出一個不斷在膨脹或收縮的宇宙。可是當時的天文觀測技術落後，沒有足夠的數據驗證這些理論。後來到了 1920 年代，天文學家哈伯

③ 請參考本書童若軒所撰〈安奴米拉比里（驚奇的一年）〉。
④ 愛因斯坦及廣義相對論的簡介，請參考本書陳江梅所撰〈上帝難以捉摸〉。

（E. Hubble）陸續發現遙遠的星雲有紅移現象，慢慢引證了宇宙膨脹學說，後來被稱宇宙的「大霹靂模型」（Hot Big-Bang Model）。⑤ 此後，宇宙學便從純粹理論性的階段推前至一門實質的科學。

我們對宇宙的了解，今非昔比，近四十年來，大型的天文望遠鏡如雨後春筍，尤其是九〇年代昇空的哈伯太空望遠鏡（Hubble Space Telescope），更能窺探宇宙深遠的星系。我們除了利用天文望遠鏡測量星系的紅移現象和描繪星系間的大尺度結構外，還採用微波天線來探測大霹靂遺留下來的熱輻射背景。⑥ 1963 年，宇宙微波背景輻射初次被發現。1992 年，美國太空總署（NASA）的宇宙背景探索者（COBE）衛星測量了宇宙物質分佈不均勻而印記在背景輻射中之各向不同性（anisotropy），這些宇宙物質的密度起伏是大尺度結構和星系形成的起源。此項發現，不但使「大霹靂模型」又多了一支基柱，更可以讓我們窺探 140 億年前宇宙的眞貌。宇宙學已進入一個新的紀元，其目標就是要準確地測量宇宙的參數，如宇宙年齡、哈伯常數，和物質成份及密度等，來測試各別不同的宇宙模型，最後描繪出宇宙的眞貌。

現在宇宙學家大致上有了一個宇宙演化的圖像，他們認爲

⑤ 有關「大霹靂模型」的簡介，請參考 S. Weinberg, *The First Three Minutes: A Modern View of the Origin of the Universe*, (New York: Basic Books, 1993)。中譯本《最初三分鐘——大霹靂之後》，牛頓出版。

⑥ 宇宙初期是一團非常高溫的電漿，經過 140 億年的膨脹及冷卻後，今天遺留下來的熱輻射的溫度大約是 3 度絕對溫度，相當於攝氏零下 270 度。

構成宇宙的物質有兩種：重子物質和非重子物質。重子物質是一般我們所熟認的物質，大部份是氫和氦，即組成地球、太陽和星系等的物質。非重子物質是所謂的「暗物質」（dark matter），它比重子物質多好多倍。暗物質的壓力很小，不會發亮光，相互作用非常微弱，只可以重力塌陷，對大尺度結構及星系的形成具有決定性的作用。⑦ 近年來許多天文觀測的結果，包括超新星、宇宙微波背景輻射，和宇宙大尺度結構等觀測，均指出宇宙正在加速膨脹，而非原先傳統理論所預期的減速膨脹。此一結論違反了我們對重力的基本觀念，即重力使得任何兩個物體永遠互相吸引，也顯示了宇宙中存在著一種具有排斥力性質的所謂「暗能量」（dark energy）。我們驚訝地發現，構成星系的重子物質只不過是現今宇宙總質量的 4％ 而已，其餘96％ 的物質，我們卻不知道它們的成份，只把它們分成暗物質和暗能量，其中暗物質佔了 23％，暗能量則有 73％（見圖六）。暗能量具備著足夠大的負壓力（即反重力），能驅使整個宇宙加速膨脹。此外，由於在星系及星系團（cluster of galaxies）的範圍內無法偵測到此神祕成分的蹤影，暗能量必定是非常惰性和相當平滑地分布在宇宙中。大量的暗能量，對決定宇宙未來的命運，扮演了舉足輕重的角色，因此它可說是目前宇宙學上最重要的研究課題。另一方面，由於此種具有排斥力的新型態能量可能和量子場理論的「真空能量」（vacuum energy）有

⑦ 宇宙初期是一團高溫的電漿，密度非常均勻。在宇宙膨脹、冷卻過程中，密度較高的暗物質受到重力的牽引，凝聚成黑暗暈，此過程稱為暗物質的重力塌陷。之後，黑暗暈成為重力中心，吸引其他氣體，形成星系雛形，最後演變成星系和星系團。

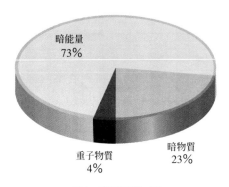

暗能量
73%

重子物質
4%

暗物質
23%

圖六　宇宙物質的成分

關，它也成了基本粒子物理研究學的重要對象。在一份由美國國家科學院國家研究評議會出版的報告，就把暗能量列爲本世紀連結微觀世界和宏觀宇宙的關鍵問題之一。

　　暗物質的重力和暗能量的反重力，主宰了宇宙的演化過程，「大霹靂模型」需要利用它們的存在來解釋所觀測到的宇宙參數。它們分布在空間中，可是，我們卻沒有辦法直接在實驗室裡偵測到它們。它們到底是什麼？我們眞的不知道！暗物質可能是尚未被發現的基本粒子，如超對稱粒子、重微中子或軸子等。暗能量可能是眞空能量，亦即所謂的「宇宙常數」（cosmological constant）。1917 年，愛因斯坦爲了堅持一個靜態的宇宙觀，他在重力場方程式中引入了著名的宇宙常數。[8] 1929 年從哈伯對星系的觀測結果，確立了宇宙膨脹的事實後，愛因斯坦終於放棄了宇宙常數，且自嘲其爲他一生中最大的謬誤。

[8] 愛因斯坦與宇宙常數的故事，亦可參考本書陳江梅所撰之〈上帝難以捉摹〉。

真是造化弄人，七十多年後更精確的天文觀測結果卻又開啓了宇宙常數的復活運動。[9] 暗能量亦可能是所謂的「第五元素」（quintessence），它的物態方程（equation of state），定義爲壓力與能量密度之比，可以隨著時間變化。暗物質的壓力比起它的能量密度少許多，所以它的物態方程非常接近零點；真空能量或宇宙常數有負壓力，它的物態方程是負數的。未來十年觀測宇宙學的科學目標，主要是精準測量暗能量的物態方程，並探索其對時間的變化，用來分辨不同的暗能量模型。

六、宇宙的本輪

人類對宇宙萬物充滿著無限的好奇心，不斷地設法將觀察到的物理現象歸納成簡單的原則。公元前四世紀古希臘哲學家就已經把物質分解成四種基本元素，即土、火、水和風（上述「第五元素」的名稱便由此而來）。古中國也有陰陽五行之說，謂宇宙萬物皆由金、木、水、火、土所構成。我們對於宇宙萬物皆由可數的基本元素所組成的這個原則，自古迄今，深信不疑。然而，我們確實需要一些原則作爲起始點，去創造新的論述或把不同的現象串連起來。有些原則的確很有力度，使複雜的表象霎時變得簡單，令人們內心充滿著了解大自然奧祕之喜

---

[9] 我在這裡引述本書李國偉之〈聆聽行星的天籟〉其中一段話來作一個對比。「現代人已經很難體會在克卜勒肩上所壓抑的傳統偏見是多麼沈重，而他需要多麼大的智慧與勇氣才能掙脫傳統思想的桎梏。克卜勒雖然不諱言自己在作研究時，所依循的形而上或神祕思想的動機，但是他最後的結論卻沒有偏離經驗的證據。」

悅，並歌頌上帝創造萬物所遵循之簡單法則；可是，錯的原則
會導致錯的結論，不但阻礙科學的進步，甚至是創新的桎梏。

　　1928 年，英國物理學家狄拉克（Dirac）根據電荷共軛對稱
原理（principle of charge conjugation symmetry），預測了
正電子（positron）的存在。它是電子的反粒子，質量與電子相
同，帶有的電荷則剛剛與電子相反。1932 年，安德生（Ander-
son）在雲霧室實驗裡發現正電子，引證了狄拉克的理論。這是
一個重要的里程碑，促使往後基本粒子物理學在理論和實驗上
的發展。如 1964 年葛爾曼（Murray　Gell-Mann）和慈懷格
（George Zweig）提出的強（strong）相互作用的對稱群，預
測了新的基本粒子，即構成核子的夸克（quarks）。未幾，把強
相互作用的對稱群規範化後即預測到傳遞強相互作用的膠子
（gluons）的存在。前面提到，在 1967 年間，溫伯格和薩拉姆
根據弱電相互作用的規範對稱群，建立了「基本粒子模型」，預
測了傳遞弱相互作用的弱規範波色子（weak gauge bosons）。
這些在理論上預測到的基本粒子，都陸陸續續在高能實驗室裡
被發現。過往半個世紀，是基本粒子物理學蓬勃發展的黃金期，
人類對物質的基本結構有著深入的了解。果然，自然界裡物質
的結構追隨著原始的簡單規律，人們在理論思維上所憑藉的對
稱原理，屢試不爽，無往不利，遂把它奉為圭臬，為研究物質
基本結構之不二法門。

　　宇宙的暗物質和暗能量真的存在嗎？我們並不知道它們的
成份，甚樣可以相信它們的存在？廣義相對論是我們了解時空
的理論基礎，它亦受到嚴格的實驗驗證；同樣的，我們對物質
結構的了解，有了成功的「基本粒子模型」。就是這兩個物理上

的支柱，縱然我們對暗物質和暗能量的物理性質一知半解，宇宙學家們仍然相信暗物質和暗能量真的存在著。況且，在基本粒子物理學裡的「超對稱」（supersymmetry）理論，預測了一種帶有超弱相互作用的中性基本粒子，叫做「中性子」（neutralino），它的質量可以超過重原素的質量，而且物理的性質恰似暗物質，很可能是構成暗物質的基本粒子。歐洲粒子物理研究中心（CERN）正在建造一座大型高能粒子加速器，其中的一個科學目標就是要找尋中性子，驗證超對稱理論。

　　無論是托勒密的地心體系抑或哥白尼的日心體系，他們都溺愛著圓形和球體的完美對稱性，以及勻速圓周運動的一致性，據此嘗試解釋宇宙的結構和天體的運行。當他們對天體運動的理論預測上不合乎當時的觀測數據時，他們便巧妙地引進了本輪的觀念。可是，日後的觀測技術不斷地進步，觀測結果的精確性日益提高，本輪的數目亦不斷隨之增加，到了最後，再多的本輪也無法解釋天體運行的複雜性，原本所倚仗的簡單原則亦同時喪失了。

　　以古看今，我們是不是太過相信對稱的原理？規範對稱群的理論方法是不是把我們寵壞了？我們對物質結構的了解是不是已到了極限？我們預設了暗物質和暗能量的存在，是不是好像當年托勒密在地心體系引進本輪一樣？宇宙的暗物質和暗能量是不是宇宙論的本輪，用來修補理論本身的不足？當然，我們現在無法回答這些問題，要找尋這些問題的答案，我們必須投入更多的理論研究和實驗觀測。或許，我們需要另一個顛覆傳統的哥白尼革命。

有關哥白尼的參考資料

1. J. Rudnicki, *Nicholas Copernicus 1473-1543* (London: The Copernicus quatercentenary celebration committee, 1943).

《天體運行論》出版四百週年紀念特輯，內容特別豐富。

2. A. Armitage, *Copernicus: The Founder of Modern Astronomy* (1962).

詳細的哥白尼傳記。

3. F. Hoyle, *Nicolaus Copernicus: An Essay on His Life and Work* (1973).

評論哥白尼的科學工作。

4. N. M. Swerdlow and O. Neugebauer, *Mathematical Astronomy in Copernicus's De Revolutionibus* (New York: Springer, 1984).

權威性的哥白尼傳記。

5. O. Gingerich, *The Book Nobody Read: Chasing the Revolutions of Nicolaus Copernicus* (New York: Walker, 2004).

據說，哥白尼的《天體運行論》出版時沒有多少人有興趣翻閱。作者花了三十年的時間，遍尋世界各地保存著的初版及第二版的《天體運行論》六百餘本書，檢查書內讀者親筆註解，發現此說並非事實。

哥白尼年表

1472　明憲宗成化八年。王陽明誕生（1472-1528）。

1473　在波蘭維斯瓦納河（Vistula River）畔的托倫（Torun）出生。

1475　義大利畫家米開朗基羅誕生（1475-1546）。

1480　西班牙成立異端法庭。

1483　父親去逝，由舅父撫養。德意志宗教改革家馬丁路德誕生（1483-1546）。

1488　葡萄牙人第亞士到達好望角。

1491　進入波蘭舊都的克拉科夫（Kraków）大學學習醫學。

1492　哥倫布到達美洲聖薩爾瓦多島。

1494　法國侵略義大利戰爭。西班牙和葡萄牙簽訂瓜分地球的「托德西拉斯條約」。

1495　回到托倫。

1497　到義大利波隆那（Bologna）大學深造。3月9日，追隨他的老師德・諾瓦拉（de Novara）觀測月球遮掩金牛座的過程。被選為波蘭弗勞恩堡（Frauenburg）的大教堂僧正。

1498　明孝宗弘治十一年。張居正誕生（1498-1582）。

1501　回到弗勞恩堡接受了教會職務，後返回義大利帕多瓦（Padua）大學學習法律和醫學。在羅馬觀測月食。

1503　獲得教會法博士學位，回到克拉科夫，負責主教教區的行政事務。

1512　永久定居弗勞恩堡，擔任牧師職務，同時行醫，為貧苦大眾看病。義大利馬基維里發表《君主論》。

1513　在弗勞恩堡建造一座天文觀測臺。

1514　完成《要釋》(*Commentary on the Theories of the Motions of Heavenly Objects from their Arrangements*)。

1516　英國湯瑪士摩爾發表《烏托邦》。

1517　明武宗正德十二年。葡萄牙人擅測中國海港。

1519　西班牙國王詔令麥哲倫，帶領遠航艦隊環遊地球。

1523　明世宗嘉靖二年。葡萄牙人侵入新會失敗。

1527　德意志查理五世軍隊掠奪羅馬。

1528　土耳其聯合法國對德意志作戰。

1530　完成《天體運行論》(*On the Revolutions of Heavenly Spheres*)。明廷開始製造佛郎機大炮。

1536　教皇克萊門七世要求哥白尼出版《天體運行論》。日本豐臣秀吉誕生 (1536-1598)。

1540　哥白尼同意出版《天體運行論》。

1543　《天體運行論》出版。5 月 24 日與世長辭。

吳建宏（中央研究院物理研究所研究員）

科學革命與再啓蒙
伽利略：《關於兩門新科學的對話》

一、1636 年的序幕

西元 1636 年，古老的東方，中華帝國迅速跨進改朝換代的歷史轉捩點。

這一年，清太宗皇太極稱帝於盛京，改國號清。從寧遠、錦州……等戰役的失敗經驗中，皇太極領教到從西方傳來的紅夷大炮的龐大威力後幡然醒悟——紅夷大炮將是滿清部族壯大的關鍵。或許是長白山區遼闊的白山黑水土壤孕育出來的豪情壯氣，又或是歷史氛圍已然就緒，皇太極突破了滿漢之防，毅然決定起用漢人工匠鑄炮製藥，[①] 鑄成了三十五門口徑超過十公分，甚至超越當時西方甚多，被封爲「神威大將軍」的鐵心銅體巨炮；同時摒棄傳統靠經驗操炮及瞄準的陋習，利用降清

---

① 黃一農；中國科技史研究的新挑戰；《新史學》十四卷四期，157（2003）

明將從來華的教士處所習得的相關物理及數學知識,製成可以簡單迅速估算彈道落點及所需火藥的儀具(如矩度、銃規、銃尺等)。② 一支中西合璧、漢滿共事,幾乎是天下無敵的勁旅於焉產生,有明一代,在崇禎皇帝於北京城破自縊於煤山時終於畫上句點。嶄新的歷史進程在中華帝國的土地上開始慢慢醞釀著。

同一年,歐亞大陸的另一端,經歷了近千年黑暗神權統治時期的西方。

馬丁路德新教派的興起、王權力量的擴張以及藉由理性思維作為生活依據的聲音正由弱漸強,透過文學、建築,特別是繪畫、雕刻……等藝術創作以全方位的姿態衝撞著神聖羅馬教廷的神權威信;理性的力量在發軔,正準備綻放光熱。

中世紀期間,西歐固然籠罩在一切以榮耀神權為生活重心的氣氛中,東羅馬帝國(或稱為拜占庭帝國)仍保存著古希臘璀璨文明留下的典籍,以及如柏拉圖、亞里斯多德……等人的重要思想:真正的知識是可以藉由直觀及抽象,從感官經驗,而非自天國獲得。這些在中亞土地上飄蕩了千百年的思想,越過蔚藍晴空,藉地理位置之便影響著鄰近的義大利半島。1452年鄂圖曼土耳其併吞東羅馬帝國時,大量希臘學者攜帶著典籍向西方的義大利逃亡,間接促成了這波瀾壯闊的運動。嶄新的歷史進程以迥異於東方的風貌改變著歐陸大地上人們的生活及想法。

② http://vm.nthu.edu.tw/;這網站提供了非常豐富,關於明、清間的科技歷史資料。

1636 這一年，垂暮的伽利略（Galileo Galilei）拖著病體殘軀奮力與來日無多的時間競賽。忍受著病痛的折磨，壓抑住至親女兒③ 早逝的悲痛，焚膏繼晷專心撰寫《關於兩門新科學的對話》（*Dialogues Concerning Two New Sciences*）（以下簡稱《新科學》）。

在過去充滿爭議、傳奇性的日子裡，他發現了鐘擺擺錘中鎖住的「等時原理」祕密、利用冷縮熱漲原理發明了溫度計、證明了自由落體與重量無關的性質、利用自己改良的望遠鏡窺見了月亮上起伏的山河、木星四衛、太陽黑子等星空的奧祕；在經歷了教廷的審判、世俗功名的虛妄、飽受攻訐的憤怒後，伽利略終因《關於兩大世界體系的對話》違反了 1616 年不得鼓吹哥白尼的日心說的詔令，被羅馬教庭判以終身監禁，幾經斡旋，在教會的監視下留在家中服刑。

回首一生，伽利略很清楚過去數十年來徘徊在天文學上爭論的日子裡雖然為自己掙來幾許聲譽，但謗亦隨之；況且天文學終非他至愛並視為最重要的學問，他的真知灼見與動力熱情都在運動科學方面，如果就這樣子寂然長逝，跟螻蟻又有什麼差別？故此，希冀在有生之年為人類寫下第一部新運動科學，以述作跨越重重時空及肉體的桎梏；只要文章在，光燄萬丈長。這灼熱強烈的願望讓他摒除了世俗的一切紛擾，潛心著述，終

---

③ 修女瑪麗亞為伽利略長女，於 1634 年 4 月 2 日以三十三歲英年早逝，伽利略與女兒間的深刻感情可見於：Dava Sobel 著；《伽利略的女兒》，范昱峰譯，時報出版。http://galileo.rice.edu／；為伽利略專設的網站，有非常詳盡的伽利略年表，本文年表乃從其中節錄而來。

於成就了《新科學》。

其旺盛的企圖心在他用義大利文書寫書中對話部分，卻以嚴謹的拉丁文書寫書中論述部分的奇異混合文體中顯露無遺。用義大利文是為了要廣泛流傳，而拉丁文則是為了向學術界做出最嚴肅的聲明；歷年來《新科學》被人們爭相討論大於閱讀的趨勢證明他的自信與堅持不是沒有道理的。

伽利略藉書中主角薩爾維亞蒂之口說：「……我認為更加重要的是，現在已經開闢了通往這一巨大的和最優越科學（筆者按：指加速運動）的道路；我的工作僅僅是個開始，一些方法和手段正有待比我更加頭腦敏銳的人們去探索這門科學的更遙遠的角落。」。

二、新科學的來臨

《新科學》在 1638 年由荷蘭出版商艾茲維爾（Louis Elzevir）定名為《兩項新科學的論述及數學證明》（*Discorsi e Dimostrazioni Matematiche, intorno ā due nuoue scienze*）出版，英譯時改為現今的名稱，這時伽利略雙目已經完全失明，收到書時也只能在手中摩挲把玩，聽聽別人唸唸其中的對話。1642 年，伽利略溘然長逝，儘管時日久遠，他的思想卻穿梭在歷史長河中益發清澈澄明。

《新科學》中充滿懷疑、敢於思考的精神為科學主義、理性主義奠定了很重要的基礎。宣告唯有實驗才能成為判辨理論的唯一基礎，更是近代科研賴以起飛的最根本準則；在追求真理時認為自然的基本原理必須從實驗中歸納及演繹出來，替培

根、笛卡兒的歸納與演繹法起了一個良好的開端。書中另一項影響深遠，改變了今天科學進程的識見，便是在追尋物體運動定律的研究上，首次摒棄了千年來傳統亞里斯多德和經院哲學家尋求物體「為什麼運動」的解答，轉而追求描述物體「怎樣運動」。一個人要跳脫傳統思想的禁錮談何容易，但伽利略卻做到了；今日的科技文明也以日日新，又日新的發展來回應了這這科學史上繼往開來的轉折。

西方基督教義中隱含著一個異常重要的精神，就是連上帝也得毫無例外地遵守的契約、律例精神。聖經上記載著上帝明知雅各（Jacob）不義，卻依然遵守與雅各所立契約，讓雅各得到應許的故事；就算是萬能的上帝也不得隨意更改契約，宇宙雖然看來浩瀚無邊，神祕難瞭，但日月不改其志，江山終是不老的背後必定存在著一套誰也不得任意更改，永恆不變的道理、規則。這些觀念深深地根植於科學家追求宇宙運作真理的信念中，為鍥而不捨的追求提供了動力。

聖經教諭認為宇宙萬物都是由全能的上帝所規劃，這跟從拜占庭帝國留下來，並在西歐廣泛被接受的希臘思想，認為「自然乃依數學原理設計」的想法顯得大相逕庭，為了調和兩者間的衝突，教會於是在其神學體系中主張：上帝乃依數學原理來設計自然的規律。

伽利略是個虔誠的基督徒，深受當時神學思想影響，認為自然背後必有一客觀、永恆不變，而且是用數學語言來書寫的規律，「一些看起來毫無可能的事實即使只經過很粗淺的解釋就會扔掉掩蓋他們的外衣而自赤裸而簡單的美中站出來……」。

　　伽利略引入嚴格數學分析的觀念與方法來展示運動過程本身的細節的定量分析做法，雖有其歷史脈絡可尋，但從定性描述轉移到定量分析卻是科學史上一個十分重要而深邃的思想革命，這種但求以數學量化測量，不再拘泥於追尋原來本體的真實性的觀念大大地為科學研究、實驗佐證提供了一個條件明確同時又能一再重複操作的方便性。

　　後來的伊薩克・牛頓（Isacc Newton）更是身體力行奉為圭臬，放棄運動成因的追求，轉而以數學式子為運動定律註腳，在其著名的牛頓三大定律中，完全沒有探討「力」的本質是什麼，「質量」又是什麼，遑論運動時必須顧及到的「時間」是什麼，「空間」又是什麼……等更基本的本質問題。以致伏爾泰在參加完牛頓的葬禮後說：「牛頓在倫敦留下個真空」。④

　　世事衍化，機樞難料，事情總有正反兩面，可能互補，也或許相剋，端視乎觀點而定。牛頓的偉大在於勇於忽略這些問題，只處理他有能力處理的部分，留著些無法處理的問題去淬鍊來者的想像與創意。科學的成果就是這樣一步一腳印地在時間的流轉中積澱起來。又過了兩百多年，牛頓所留下的問題才被愛因斯坦發明的廣義相對論解決掉一部份，愛因斯坦慨歎：「牛頓連忽略不討論的決定都是個偉大的決定」，只有經歷了迷惘，在絕望後乍見光明的狂喜才能作出如此鏗鏘回響！

　　在那個如何計算時間流逝的方法尚且付之闕如的時代，賦

④ Morris Kline 著；《數學：確定性的失落》，趙學信/翁秉仁譯；臺灣商務印書館。此書對數學、真理、神學間之關係提出非常有趣的觀點，於哥德爾定理與數學的極限也有非常詳盡的討論。

予時空及運動現象爲一物理上可測量的物理量乃是個極具洞悉力的識見，在歷史上無疑是個不可多見的豪邁行爲。而《新科學》另一項影響深遠的創舉就是第一次把想像的理想實驗引進科學的殿堂中；這是一種排除諸多雜音及忽略次要因素，完全靠理性演繹的力量在極限的環境中取代昂貴的實驗，快速判辨眞理的方法。《新科學》爲牛頓那本震古鑠今，發表於 1686 年 4 月 28 日，統一了天上與地上運動原理的《自然哲學之數學原理》（*Principia*）提供了個無法取代的基礎。

伽利略對解析、論證和實驗的科學觀懷抱著異乎尋常的強烈信念、宗教般的熱忱，無視當時教會的猜疑，遽然宣稱如果遇到聖經中可疑篇章時，應該按照科學的發現來解釋；在其著名的《給克莉絲蒂娜的一封信》中說：「自然只會通過絕不會違背的不變規律運行，它不在乎運行的理由和方法是否能爲人們所理解。」

這是一場科學革命，其意義與成就是在當時一切以天國爲依歸的氣候中宣告：人來自世界，也可以理解世界；人類只須透過知識、理性的力量就可以解釋眞實生活的世界，不必依賴信仰、天國。影響所及，人們認爲如果科學可以解釋自然，科學也應該可以解釋我們的社會，用科學研究的方式，來解釋人類社會的發展，理性啓蒙的力量蓄勢待發。《新科學》觸發的科學革命使西方政治、學術、思想、工藝及人權從根本經歷了一場前所未有的洗禮，徹底地改變了今日世界的風貌。三百年後梁啓超在《論學術之勢力左右世界》中說：「……天文學之既興也，從前宗教家種種憑空構造之謬論，不復足以欺天下，而種種格致實學（筆者按：泛指科學）從此而生……」。

人是無法完全行其所言，言其所信，充滿矛盾的動物，人類的世界也總是充斥著莫可名之的矛盾紛爭。終生將提倡科學、理性思維視為己任，堅持只有實驗數據才可以用來論斷理論的伽利略，也無法跳脫人性的矛盾枷鎖。

在下面的說明中，我們將會看到，伽利略其實是從美學及神學的觀點代替他所提倡的理性來支持「日心說」。他這種言行相左的矛盾，出現在將「日心說」取代已有千百年及教會支持的「地心說」，那樣牽連至廣的爭論時，引起的混亂與紛爭就可想而知了。

三、東西交會的震盪

故事總是能彌補在久遠時光中散軼的感覺，驅逐現實的成見。接下來這發生在明、清兩朝交替之初，讓伽利略差點軋上一腳的中西天文曆法較量交鋒的故事會是個提供氣氛與想像的豐饒寶藏，或許能讓人更深刻地體會這在歷史上延綿至今的重大爭論的關鍵問題所在。

當西方文明的重心從天國慢慢回歸到世俗後，人們冒險的精神跟著旺盛起來，急著要拓展生活與心靈的領域。航海探險發現新大陸更是個重大的鼓舞，歐洲和東亞間的貿易也因而日趨頻密起來。人只要緊密地生活在一起都難免會摩擦不斷，何況代表人類深層意識的文明；東西兩大文明⑤也無可避免地因接觸而互相影響、交鋒較量。通常文明間的碰撞難免會以塗炭生靈的戰爭收場，然而，這次互動的成果卻是豐碩而且正面影響大於負面的。之所以如此，皆因互動相對的雙方都是學養俱

佳、胸識過人之士。

比如說東來傳教的耶穌會教士中，博學、飽讀中國聖賢書，人品端正的利瑪竇乃師承當時義大利著名的數學及天文學家丁先生（Christoph Clavius）⑥學習天文學，伽利略便是利用丁氏的立論來支持哥白尼的日心學說。又如後來成爲清代第一任關係國祚傳承的欽天監監正的湯若望（Johann Adam Schall von Bell），其師格林伯格（C. Grinberger）正是丁氏在羅馬學院教授職位的繼任者，湯若望的一生志業就是以己身和聖潔的生活作爲榜樣來傳教。再如後來曾參與修撰《崇禎曆書》的鄧玉函（Johann Schreck Terrentius）更是才情洋溢的年輕學者，他在 1592 年與前往威尼斯共和國的帕多瓦大學（Padua University）擔任數學教授的伽利略相遇；兩人都因科學成就在義大利聲名鵲起，相差八天先後於 1611 年被選爲義大利最高學術研究機構「林琴科學院」（Accademia dei Lincei）⑦的院士。

而在中國方面，官至禮部侍郎，位極人臣的徐光啓和他的好友李之藻、李天經……等人都是譽滿士林，重實踐，胸懷天下，高瞻遠矚，志向遠大之士。⑧

利瑪竇留駐北京城時所寫的《中國札記》在歐洲以拉丁文、

⑤ 筆者按：爲了簡化，這裡只論中國與西方。
⑥ Clavius 在拉丁文乃釘子之意，利瑪竇翻譯時取其音，稱丁先生。
⑦ 筆者按：後來成爲義大利科學院
⑧ 史景遷；《改變中國》，溫洽溢譯，時報出版。這是本書討論外國人從明代到現代在中國所作的事業與對中國的影響。

法文、西班牙文、德文及義大利文廣為發行流傳，引發歐洲哲學界對中國政治思想的研究，進而掀起園藝、家具、陶藝……等「中國研究」的流行風潮。代表西方數學精粹的歐幾里得《幾何原本》及上百種西方科學工藝的文獻紛紛被翻譯成中文引介到中國。

中國人稱皇帝為「天子」，有上承天命之意，因此對天象的觀察在古代中國是確立王朝的基礎，甚至是王權的象徵，帶有極其濃厚的政治色彩。一直以來，除了皇家天象機構中的官員等少數人之外，一般軍民「私習天文」夜觀天象乃是顛覆朝廷、心懷不軌、罪大惡極的叛國行為，但由皇家壟斷的天象機構卻因缺乏外界挑戰導致各種保守、腐敗結果；不知是個漂亮的偶然，還是有著更深刻的歷史必然，在中國歷史上持續將近兩千年的「私習天文」的禁令，到了耶穌會士進入中國的前夕，因固步自封的皇家曆局在天文預測上錯誤連連，不得不向民間求援，使不得「私習天文」的禁令逐漸鬆動，而當時東來的耶穌會士又恰巧都精通天文曆法。

中國傳統自有其一脈傳承，異國思想在其中傳播實有如登天之難；在利瑪竇苦無傳教良策，留居北京城期間，明代官方所使用的《大統曆》的誤差積累日趨嚴重，預報天象屢屢失誤，明廷有識之士遂倡議修曆。對中國政治、風俗瞭解深刻的利瑪竇馬上意識到，這是他利用天文曆法知識打進北京宮廷生活圈子以利傳教的千載難逢的機遇。

利瑪竇之後，鄧玉函、龍華民（Padre Longobardi）、湯若望等人承繼其志，終於在 1629 年 6 月 21 日的一次日蝕預測推算中證明了西方曆法的確比傳自阿拉伯的「回回曆」及中國

傳統的「大統曆」勝上一籌。從未到過中國的伽利略則差點在這次東西文化的交鋒盛會中軋上一腳。

為了做好準備，早在 1623 年計算日蝕之前，鄧玉函便屢次寫信向伽利略及克卜勒索取天體運動算表。只是伽利略因受制於 1616 年教廷嚴禁他為哥白尼日心說辯護的詔令，不欲涉入羅馬教廷及耶穌會的事務，沒有回應鄧玉函的問題，錯失了參與這場中西天文曆法交鋒的盛會。倒是克卜勒在四年後於布拉格輾轉收到來信，不單馬上向鄧玉函提供書籍、算表及天文圖籍，而且在加上自己的回覆意見後，發表了鄧玉函的來信和數據，直接為這場盛會提供奧援。在這之後又經過了七次較量，結果竟是八比零，西方的天文曆法「大獲全勝」。[9]

須知當時的政治環境，尤其是牽涉國祚盛衰的曆法，較量輸了可是殺頭坐牢，一等一的大事。雙方務求推算出最精確的結果，豈敢有絲毫大意。

這氣氛如此肅殺的故事到底說明了什麼？即勝方湯若望、鄧玉函等人用來計算日蝕所使用的托勒密（Claudius Ptolemy）地心理論及十六世紀時荷蘭天文學家第谷・布拉赫（Tycho Brahe）依托勒密理論所改良的第谷理論經歷了一場最嚴厲的考驗，他們冒著身家性命所求得的成果讓我們可以安心地相信這的確是個能夠用來精確計算天文曆法與觀測、解釋實際天象的良好理論。然而，歷史因緣晦澀難料，此時的西方

---

[9] 江曉原：〈湯若望與托勒密天文學在中國之傳播〉，《華裔學志》，IIIV，1998；明清之際西方天文學在中國的傳播及其影響，中國科學院博士論文（北京，1988）；這些論文中對中西曆法在明清間的交鋒有極詳細的討論。

正因忙著進行各種革命奇想而無暇回應，中華帝國的傳統文明也在改朝換代的陰霾中急於重建信心，西學只好悄然淡出中華傳承的舞臺。在歷史的長河中，這次東西文化的交鋒無庸置疑將在未來雙方的互動中再續前緣。

四、科學依賴美學作抉擇

十七世紀初，航海、旅行活動日趨頻密，對用來計算方位與時間的天文曆法的要求也日益嚴苛；當時可以用來描述天體運行的宇宙模型一共有三套，兩套地心說，另一套就是哥白尼的日心說。從今天的觀點來看，三套都不太對，但這不是重點，重點是哪一套最能吻合當時的觀測結果，在蒼茫天地中給旅人指點迷津，提供正確的方向與時間。

混合了亞里斯多德及托勒密的觀測與大膽猜想的托勒密理論最為古老，同時也是發展得最完備，並與當時神學觀點一致，為教會所支持的理論；地球在亙古不變的宇宙中心靜止不動，所有天體都是以地球為中心點，一成不變地繞著它做完美的圓周運動（稱為均輪），或以均輪為中心點做圓周運動（稱為本輪）。[10] 這理論之所以能廣被接受，主要不是因為這是亞里斯多德或托勒密說的，而是它與日常生活經驗互相吻合——任何人夜裡抬頭細賞星空，都會有閃閃繁星在眼前流轉的美好經驗，星斗移轉訴說著時辰的答案與方向的指標；「星橋又迎河鼓，

---

[10] 請參閱本書吳建宏所撰〈宇宙的本輪〉第三節。

清漏頻移」詩人也爲托勒密作註。千百年來鮮有人懷疑托勒密的地心說，與哲學或神學的觀點其實並無太大關係；湯若望及鄧玉函對日蝕的精確預測則爲這模型的實用及精確性做了最佳註腳。

托勒密模型到了哥白尼時代已變得非常複雜，要解行星軌道問題需要用到大小七十七個均輪及本輪。太複雜了！爲了尋求更簡潔的理論，哥白尼仔細查驗數據後，陡然發現如果假設包括地球在內的行星都是以太陽爲中心做圓周運動的話，只需三十四個均輪及本輪就夠了；然則宇宙爲什麼要取簡捨繁？無論是哥白尼或伽利略，都未能提出有力證據證明日心說。他們的信心完全來自對上帝的信念，如果上帝是依數學來建造這個世界的話，那麼愈簡單和諧的數學結構愈美；三十四個圓可比七十七個圓簡單和諧太多了，上帝必取哥白尼捨托勒密無疑！是美學、神學，而非科學使哥白尼、伽利略堅持著他們的信念，終生不渝！反諷的是，教會也是爲了要維護其傳統的托勒密觀點，而與伽利略衝突不斷。同樣都是要彰顯神的大能，只是觀點不一樣！人類歷史上因相異的意識形態而觸發的戰爭實在是至爲慘烈而殘酷的。

當人類把知識推到自己能力邊緣時，如何做出當適的抉擇，不單是個至今依然爭辯不休的深刻哲學問題，更是個嚴肅異常的實際問題，有人訴諸品味，有人訴諸美學，不一而足。每一個抉擇，選對了方向固然貢獻偉大；選錯了，除了賠上一己畢生光陰，還可能要經過好幾代人的努力才能撥亂反正；人性中對未知方向的豪賭實是有著扣人心弦的嚮往，推動文明的動力。不過，對單一信念終生不渝的堅持已經很少出現在現代

人的身上了！這現象對科學長遠的發展究竟是好？是壞？倒是個嚴肅的問題。

其實當初反對哥白尼及伽利略最厲害的聲音都是來自專業的天文學家及科學家，而並不是我們一般印象中所認為的，教會因日心說違反了地球及人為宇宙中心的信念而反對。日心說無法解釋：是誰推動我們這個沈重的地球？又如果地球繞著太陽轉，那半年之內地球在太空中應該移動了至少兩億公里，這時所觀察到遠處恆星的方向應該與半年前有所差異才對，但當時卻沒有觀察到⑪……等問題。

第谷在十六世紀末提出了第三套理論。第谷可說是科學史上最偉大，也是最後一個用裸眼做天文觀察的天文學家。當文明用光害污染了夜空，人類不單只失卻了在「臥看牽牛織女星」中與自然連結的情懷，很多美麗的可能也消失了。第谷在 1572 及 1577 年觀察到劇烈明亮的超新星爆炸及彗星後開始懷疑托勒密理論，宇宙真的是亙古不變的嗎？。因此，他既反對哥白尼，認為哥白尼缺乏明確證據，而且與聖經不符；也不贊成托勒密。他認為太陽及月亮繞著地球旋轉，而其他行星則繞著太陽運轉。

克卜勒是伽利略的朋友，他明確指出了行星的軌道不是哥白尼所說的正圓，而是以太陽為其中一個焦點的橢圓。或許，伽利略如果不是刻意忽略克卜勒的理論及工作，他為哥白尼的日心說辯護時的觀點可能更具科學精神而避免了與教會日趨激

⑪ 筆者按：這方向產生差異的現象叫視差，而視差後來也的確是被觀察到了。

烈的衝突也未可知。只是，那個時代幾乎沒有人能瞭解克卜勒不屈不撓，堅苦卓絕地分析觀察數據後所得的定律的意義；直到後來的牛頓才真的認識到克卜勒的重要性而提出與距離平方成反比的萬有引力定律。從這件事情我們或許可以確定，物體運動及拋射體的科學才是伽利略的最愛。

捨棄堅實的科學論證，採用滔滔雄辯及得理時毫不留情地打擊敵人的做法去支持哥白尼學說，是伽利略好鬥性格使然，他也用了一生坎坷的遭遇來回應了這個性上的缺陷。教會方面受了三十年宗教戰爭所帶來社會動盪的影響，深怕伽利略的言論引起社會混亂，動搖教會神權統治的基礎，遂選擇不去調和神學與科學之間的衝突，反以最簡單而粗暴的強權手段對伽利略強加判刑，背負了用強權及神權箝制思想的惡名。這次衝突另一嚴重的後遺症乃造成一般人以為科學發展必然與教會教義衝突的既定印象。科學乃發現自然真理的一種方法及手段，宗教則是關於人生的義理，兩者之間並無關聯或必然衝突。1992年教宗公開為當年對伽利略所作之不義道歉，為這持續了近四百年的公案畫上句點，而其實雙方都是時代困局及人性弱點所造成的悲劇裡的主角。然而，教會神權去矣，伽利略遠矣，人類社會對思想的箝制卻依然嚴重。

五、科學從錯誤中開始

這裡有一個非常有趣而深刻的現象，無論是哥白尼的日心說，托勒密的地心說，或是第谷的改良理論，他們所指的世界本質都是如此不同。哥白尼的是太陽不動，地球及行星在動；

托勒密主張地球不動，太陽及行星在動；第谷也是地球不動，太陽動，而其他行星又繞著太陽週轉。當然今天我們都知道這些理論通通都不太對，而且地球是繞著太陽在轉的。令人納悶的是，爲什麼湯若望、鄧玉函等人卻能以地球爲中心的托勒密理論在中國精確地預測到日蝕的時刻呢？背後是否又有什麼更深刻的道理存在呢？這答案有幾個，而且都與伽利略有關。

前面提到，《新科學》提出以數學描述運動現象，放棄了追求運動原因，在「描述」的意義下，任何理論如果與實驗數據吻合，便一樣都是好的理論，尋求本體是什麼是沒有太大意義的。影響所及，這也是今天大多數科學家所秉持的態度，我們稱之爲工具主義，今天科學家著重於提出各種模型或理論來描述各種自然現象，而非尋求本體的眞相是什麼。

這在研究上是個驚人，而且頗爲矛盾的轉變。從好的方面來看，人們可以大膽放棄自然本體上通常非常複雜的問題，轉而以幾個簡單且可以控制的參數去描寫部分自然現象，建立所謂的「模型」去預測其他的現象。只要與實驗數據吻合就會變成被大家所接受的「模型」或理論，就如伽利略在《新科學》中所言「……墜落中物體的運動會加速的原因，不是此項研究的必要部分……」。若從壞處看則是量化了自然，也失去了本體的追尋。這是伽利略對今日自然科學研究影響至爲深遠的地方。如果不辨其義，盲目地把今日科研方法應用到人文及社會科學的研究上，則難免會失焦。

這問題的另一個答案也是在伽利略爲日心說辯護時提出來的，伽利略觀察到在保持平穩前進的船艙中，我們看到的自然現象與在陸地上所看到的是一樣的；也就是說，如果我們被關

在一個沒有窗戶的船中的話，是無法分辨出船到底有沒有在移動，這就是伽利略的相對論了。兩百年後愛因斯坦將之加上光速有限及不變這兩個特性，便成就了有名的狹義相對論。

相對性質是自然界非常神奇的特質，亦即你可以假設地球不動，太陽繞著地球在動；反之亦然，完全視乎個人的方便及喜好而定。這也說明了爲何湯若望、鄧玉函等人用今天看來「不對」的地球爲中心的托勒密及第谷模型居然還可以得到精確的結果。

在英國倫敦舊的格林威治天文臺，有一個航海儀器，那是一個以地球爲中心的儀器，在古代看來，這是一個不會有問題的儀器，但現今的小學生一定會說這是錯的，因爲他們的老師已經告訴他們說，地球繞著太陽跑，所以這個儀器不能用。明白了自然界的相對性質後便知道，這儀器的確可以幫助我們在茫茫大海之中，靠天體的相對位置來決定船正航行在地球的哪個角落。

其實自然界不單只擁有當我們以平穩速度前進時會看到自然現象不變的性質，把觀點做旋轉、平移後自然現象還是不會改變的，今天我們稱這種不變性爲龐卡赫不變（Poincare Invariance）。這隱含著我們的宇宙並沒有一個中心點，亦即從技術上來說，我們可以選擇宇宙中任何一點做爲中心，來觀察宇宙。在這意義下，今天依然有些教會學者堅持地球是宇宙的中心也不是完全沒有道理的。龐卡赫不變的更深刻涵義正是今日物理研究最前緣的課題。

六、伽利略的眞空

除了「相對性」外，宇宙中另一個同樣引人，極端神祕的問題就是「眞空」的特質。「眞空」，乍看之下就是什麼都沒有的意思。既然什麼都沒有，那「眞空」還能夠有什麼有趣的性質呢？這些性質又是從哪裡冒出來的呢？且讓我們看看四百年前伽利略是怎樣研究這什麼都沒有的「眞空」。以下是《新科學》中用義大利文寫的第一天的對話，伽利略藉主角薩爾維亞蒂說出自己對眞空的想法，借討論主席薩格利多之口來提出並澄清問題，再借辛普里修之口提出傳統亞里斯多德學派的觀點及疑問。

　　　　薩爾維亞蒂：……首先我將談談眞空，用確定的實驗來演證它的力的質和量。如果你們拿兩塊高度磨光的和平滑的大理石板、金屬板或玻璃板並把它們面對面地放在一起，其中一塊就會十分容易地在另外一塊上滑動，這就肯定地證明它們之間並不存在任何黏滯性的東西。但是當你試圖分開它們並把它們保持在一個固定的距離上時，你就會發現二板顯示出那樣一種對分離的厭惡性，以致上面一塊將把下面一塊帶起來，並使它無限期地懸在空中，即使下面一塊是大而重的。

　　　　這個實驗表示了大自然對眞空的厭惡，甚至在外邊的空氣衝進來塡滿二板間的區域所需要的短暫時間

內也是厭惡的。人們也曾觀察到，如果二板不是完全磨光的，它們的接觸就是不完全的，因此當你試圖把它們慢慢分開時，則下板也將升起，然後又很快地落回，這時它已跟隨了上板一小段時間，這就是由於二板的不完全接觸而留在二板之間的少量空氣在膨脹中以及周圍的空氣在衝進來填充時所需的時間。顯示於二板之間的這種阻力，無疑也存在於一個固體的各部分之間，而且也包含在它們的內聚力之中，至少是部份地並作爲一種參與的原因而被包含在內聚力之中。

薩格利多：請讓我打斷你一下，因爲我要說說我剛剛偶然想到的一些東西，那就是當我看到下面的板怎樣跟隨上面的板，以及它是多麼快地被抬起時，我覺得很肯定的是，和也許包括亞里斯多德本人在內的許多哲學家的見解相反，眞空中的運動並不是瞬時的。假若它是瞬時的，以上提到的二板就會毫無任何阻力地互相分開，因爲同一瞬間就將足以讓它們分開並讓周圍的媒質衝入並充滿它們之間的眞空了。下板隨上板升起的這一事實就允許我推想，不僅眞空中的運動不是瞬時的，而且在兩板之間確實存在一個眞空，至少是存在了很短的一段時間，足以允許周圍的媒質衝入並填充這一眞空；因爲假若不存在眞空，那就根本不需要媒質的任何運動了。於是必須承認，有時一個眞空會由激烈的運動所引起，或者說和自然定律相反（儘管在我看來任何事情都不會違反自然而發生，只除了那些永遠不會發生的不可能的事情。）

但是這裡却出現另一困難。儘管實驗使我確信了這一結論的正確性，我的思想却對這一效應所必須歸究的原因不能完全滿意。因爲二板的分離領先於眞空的形成，而眞空是作爲這一分離的後果而產生的；而且在我看來，在自然程式中，原因必然領先於結果，即使它們顯得是在時間點與前後相隨的，而且，既然每一個正結果必有一個正原因，我就看不出兩板的附著及其對分離的阻力（這是實際的事實）怎麼可以被認爲以一個眞空爲其原因而當時眞空尚未出現呢。按照哲學家的永遠正確的公理，不存在之物不能引起任何結果。

從這段對話的辨證過程中，讀者不難感受到那澄明智慧流動帶來心智上的酣暢感覺，眞空的神祕怪異性質在兩片大理石的分合之間，經過細膩的觀察與大膽的推敲，如流水般自然流露出來。伽利略以實際的例子揭示了心智與理性的力量如何開啓自然眞理的寶藏。不知是伽利略極其獨特的洞識力，還是偶然？研究自然界的眞空性質的問題正是今日科研中最神祕深刻的問題之一。造價加起來近百億美元的 RHIC 及 LHC⑫ 就是要在未來的十到二十年間揭開眞空的神祕性面紗。⑬

⑫ RHIC 及 LHC 是分別位於美國紐約及瑞士日內瓦的巨大加速器；其目的之一就是要發現眞空的怪異性質。

⑬ 筆者建議有興趣的讀者不妨追隨伽利略的想法，推敲一下目前宇宙論最神祕熱門的暗能量問題，或者會有驚天動地的新發現也說不定；否則純然享受一份豐盛心智佳餚也是非常愉快引人的。

　　讀者在閱讀《新科學》時如能敞開心胸，放下成見，讓自己回到十七世紀的歷史脈絡中，蹐蹐於那個連如何計算時間流逝的方法都尚未發明，只靠脈搏跳動次數來做粗略估算的時代，體驗伽利略在面對蒼茫宇宙，前不見古人，後不見來者的悵惘中，如何觀察現象、建立實驗、歸納數據，再如何抽絲剝繭探驪取珠，求得物體運動與時間流逝間的關係。每一幕都將是動人心弦，開拓視野啓迪心智的過程，在日常生活中可不容易碰上，碰上了可是生命中難能可貴的經驗。

七、科學萬能的困局

　　伽利略苦心孤詣地在生命最後的日子裡寫下《新科學》，引發了影響今日世界文明至鉅的科學革命，爲後繼的牛頓點了盞明燈，爲更後來的啓蒙運動披荊斬棘。伽利略彷彿預知了科學革命將要造就人類巨大的福祉，但他是否也預知了科學革命將帶來巨大的災難與今日深扣著人心的隱憂則非我們所能臆測。不過，在承接了伽利略留給我們的智慧成果，享受了科技所帶來的物質福祉後，放眼未來，化解這困局卻成了我們無可卸卻的責任。

　　當伽利略以數學描述宇宙眞理時，已隱然把宇宙看成是一部依數學原理運作的大機器，之後牛頓的三大運動定律只是進一步地具體化這機械的理性圖像。格物窮理的能力發揮到極致的結果，帶來了工業革命。一般來說，人總是容易被成功的表象所矇蔽，工業革命帶來物富民豐的繁榮景象，使人更加樂觀地堅信科學萬能，今天的文明將比昨天更進步的進步史觀。

1914 年第一次世界大戰發生時，工業革命正進行得如火如荼，很多人開始時甚至是以參加體育競賽的心情參戰，以為打一打便可以回家過聖誕。沒有人會料到這場戰爭一打便是四年，死傷千萬。跟著又是第二次世界大戰。科學文明哪有進步？歷史不是在倒退嗎？哪有前進？這時，人們才開始意識到現代社會隱伏著深刻的內在矛盾，科學創造的現代文明卻恰恰好導致了人類社會的危機。

目睹西歐一戰後頹垣敗瓦的景象，梁啟超在《歐遊心影錄，科學萬能之夢》中對科學提出了強烈批判「……依著科學家的新心理學，所謂人類心靈這件東西，就不過是物質運動現象之一種……，這些唯物學派的哲學家，托庇科學宇下建立一種純物質的純機械的人生觀……其實可以叫做一種變相的命運前定說，不過舊派的前定說說命運是由八字裡帶來或是由上帝注定；這種新派的前定說說命運是由科學的法則完全支配……於是人類的自由意志，不得不否認了，意志既不能自由，還有什麼善惡的責任……，這不是道德標準應如何變遷的問題，真是道德這件東西能否存在的問題了。」

科學一旦把宇宙看成一部大機器，便排除了在其體系內產生價值與意義的可能；若然，人只是依機械原理運作，失去了自由的意志與靈魂；梁氏終其一生都在嘗試調和這科學與人文的鴻溝。只是，深陷在西歐線性進步史觀的中華帝國早已對自己的傳統失去信心，來不及啟蒙便囫圇吞棗硬把科技文明往自己的傳統上套，在期望早日登列科技強國的大夢中打轉。

戰後百年來科學家沉思反省，無數人文學者、哲學家及社會學家提出各種思想論據：討論存在與虛無的存在主義、挑戰

啓蒙運動理性觀念的後現代主義、結構主義、甚至把人也解構掉的解構主義……等，然而百年來人類大小戰役衝突從未停過，毀滅性的核子戰爭的陰霾未退，種族、文化的衝突又接踵而來。今日的民主社會，人們已不再受神權思想所箝制，卻又得面對跨國企業挾科技經濟之名而來的思想箝制的新威脅。

2005 年 7 月，世界最大網際網路器材商思科（Cisco）向美國法院申請禁令，[14] 禁止一名軟體工程師林恩（Michael Lynn）在拉斯維加斯召開的學術會議上公開討論其產品中的臭蟲，而且指派了大量人力在會議門口撕毀議程中所有林恩發表的相關論文，把原來演講的 CD 換上刪除了林恩演講的 CD，以企業從科技中賺取的龐大財富箝制林恩思想的傳播。見微知著，當企業慢慢併吞國家後，如何從企業的「神權」中解放出來將是人類得面對的下一波思想鬥爭。或曰，科技無罪，只是使用不當而已，但這並沒有抓著重點，重點是把自然看做是大機器的萬能科學觀沒有可以安放「價值」、「意義」的位置。反諷的是，二十世紀科學中最大的禁忌竟然就是調和「價值」與「意義」的嘗試！

歷史不只是無心地承載著過去的一切，其神祕魅力在於可以在人們不察中把隱匿其中的問題陡然匯聚成一波波衍流的力量，雖然讓人倍覺難以捉摸，卻是浩浩蕩蕩，未嘗稍竭。回顧伽利略所曾面臨的歷史困境或可偵知科學內在更深刻問題。在那個理性思維的力量剛萌芽發軔不久的時代，伽利略終生忙於

---

[14] http://news.bbc.co.uk/1/hi/technology/4727021.stm；林恩被思科思想迫害的新聞首次在這裡揭露。

證明理性及科學的力量，堅信科學的方法可以解開一切問題，
甚至面對神學問題也一樣；這當中隱含了科學萬能的假設。

八、科學從極限與不確定性中突現意義與價值

若科學果眞萬能，無疑將會與「神是萬能」的觀念一樣，
蹈入邏輯上無法自圓其說的演繹上的困境。然而宗教畢竟是用
來解決人生的問題，毋須顧慮邏輯問題；而邏輯演繹卻是科學
唯一可以依恃的工具，談科學又怎可以忽略邏輯上的矛盾不
顧？只是伽利略再也無暇顧及和討論這些科學的極限問題；往
後隨著科學的日益成功，也鮮有人正視這個問題的深刻意義，
今日大部分的討論也只停留在尋找科學的缺失所帶來的弊端，
試圖以別種或另類方法代替科學方法。不察者更是天眞地喊出
「科學已死」，卻沒有眞正解決問題。

如果自然是部大機器，而科學又是萬能的話，科學理所當
然最終將會揭曉自然間一切謎底——如果物理定律早已決定了
我們今天爲甚麼會在這裏討論科學的問題，那生活又有甚麼值
得驚喜的樂趣？這中間當然沒有價值與意義的位置、沒有自由
意志，更沒有梁啓超所說的道德存在的可能。失去了產生意義
與價值的可能的科學，當然不能保障人類生活的幸福。科學與
人日常生活中所關注的問題斷裂開來的結果，使今日建立在科
技上的人類文明逐漸失去樂觀遠矚、把握生命整體價值的能力。

眾裏尋不著，唯有回首來路；如果科學不是萬能且而存在
著無可踰越的極限與不確定性，甚至在其體系中自我設限呢？
若然，這極限的意義又是什麼？科學的極限與不確定性是否意

味著，容許於其體系中存在著意義與價值的位置？有許多科學家認為討論科學的科學的極限與不確定性是大逆不道的事，是對科學的極度不敬；然而，價值來自極限。

如果生命能直到永遠，誰會珍惜時光呢？人生苦短，所以我們珍惜光陰，認為時光是寶貴的。

如果人生可以一再重複，任意改變，生命又有什麼價值？生命的價值來自生命本身的有限性。

如果世間財富唾手可得，那財富又有什麼價值？財富之所以有價值乃來自財富本身的極限。

如果宇宙能夠任意運動變化，毫無規律可言，則任何穩定的複雜結構都不可能出現，我們又怎可能存在呢？我們自身的存在來自宇宙本身不可任意運動變化的諸多限制上。

如果光速沒有限制，則宇宙中所有「現在」發生的事情瞬間便傳到我們眼中影響我們，我們又怎可能一步一步去理解這無窮複雜的宇宙呢？我們可以理解這宇宙的事實，乃緣於宇宙的極限。愛因斯坦曾慨歎：「宇宙中最神祕的問題，就是宇宙可以被理解。」，或許我們可以改成：「宇宙中最神祕的問題，就是為何宇宙存在著極限？」

這些例子在在都說明了科學、宇宙的極限與價值、意義的可能關聯。

上個世紀最重要的發現就是哥德爾（Kurt Gödel）的不完備定理，簡單來說就是在一個足夠大的形式邏輯系統中，[15] 總會有無法判定真偽的陳述。確定性的失落是上個世紀最深刻也可能是影響人類未來文明至為重要的一個發現。

這定理剛被證明時科學界一片惶恐，認為這象徵著理性及

科學的極限,人類終究無力憑理性去解開宇宙的真理。當然,數學上存在極限與不確定性並不表示科學也一定存在極限與不確定性,我們還得仔細證明這極限與不確定性的存在。

簡而言之,任何一個夠複雜的系統如果無法取得其全部資訊,這系統就不會完備,亦即我們將無法決定系統中某些狀態是否可能;我們的宇宙就是個夠複雜的系統,而且因為光速是有限的,所以我們只能看到宇宙的一部分,無法得到宇宙的全部訊息,因此我們對宇宙的認識是不完備的;永遠有著無法判別有關它的真偽的陳述出現,我們對宇宙的認識就永遠存在極限與不確定性的;但這樣的宇宙卻會隨時突現(emergent)及生成新的現象與事物。

另一個科學的侷限性來自近代科學哲學家波普(Karl Popper)等人的研究。波普認為科學有別於其它學科乃在於科學為一個可被否證的體系;換句話說,不能被否證的理論就不能算是科學理論。邏輯上,也只有像科學這樣的開放系統才能允許不斷擴張及產生新事物的上揚力量的存在。隱藏在這可被否證特質背後的另一個常被忽視或誤解的更深層涵義無疑是宣告科學理論是不可能永遠真確、永遠存在著不確定性的開放系統;簡單來說,科學本身並不容許,一個能描述一切自然現象的科學理論存在,這樣一個自我完滿但封閉的理論是無法驗證、無

---

⑮ 哥德爾的定理其實只適用於形式化的數學,也就是說一個形式數學系統如果無矛盾,且能在其內談自然數論,則存在該形式系統裡的命題,我們知道它為真,但是無法在該系統內證明那個命題或其否定命題。在這裡我們採物理研究時一貫比較寬鬆的態度,不區分形式數學系統與一般數學系統的差異。

法被否證的。

困惑中，人們終於認識到自然界普遍是存在著極限與不確定性，弔詭的是，這些極限與不確定性剛好是產生新現像及各種可能性的根本條件。因為宇宙存在著極限與不確定性，我們才有可能存在；唯有正面迫視科學上存在極限與不確定性的事實，認識清楚科學理論存在著可以被否證的危機的開放性質，才有可能在其體系中產生價值、道德；自由意志才可能在科學中找到位置突現出來。

在處理自身侷限的問題上，文學創作提供了一個絕佳典範；由於人類自身能力及文字的限制，沒有人可以創作出一部包含了所有人類能夠想像的故事、所有能感受的感情……的作品；否則，文學創作的動力就會馬上消失，文學的價值及意義也就盪然無存。文學家卻從來不會因為無法創作出一部包含一切感情、故事的作品而感到沮喪；反而更深摯地在文字的種種肘制中以一已有限的經驗及想像奮力探索人性中最幽微的感情。文學之所以感人，之所以有價值，正是因為這部「萬有」的作品不可能存在；愈瞭解文字的極限、人的極限，愈能讓我們評定一部文學作品的價值，激勵對文學的熱枕。

科學也不會例外；如果我們有無窮的智能，可以理解自然的一切，當然就不需要科學了，科學之所以可能正是因為我們對自然的瞭解存在著極限與不確定性。這些極限與不確定性有可能來自宇宙本身，有可能來自科學本身，也有可能來自我們的認知能力。文字的困頓使文學家更虔誠地以有限的文字凝視無窮永恆的奧祕，表現生命的意義；未來，唯有像字字珠磯的文學家一樣，竭盡所能地剖析清楚科學中各種極限與不確定性

的諸多本質，才可能在科學或自然的大機器觀點中讓價值、意義突現出來，從根本上解決今日文明中人文與科學間的鴻溝。

　　伽利略隱喻的「科學萬能」引發了啓蒙運動，意味著我們將要以「科學的極限與不確定性」再啓蒙再出發，重拾今日人類文明逐漸失去樂觀遠矚、把握生命整體價值的能力。

伽利略年表

1564　　2 月 15 日，身為長子，伽利略‧伽利萊（Galileo Galilei）出生於 1564 年 2 月 15 日。
　　　　2 月 19 日，伽利略受洗於比薩教堂。

1581　　9 月 5 日，伽利略進入比薩大學文學院，父親則希望他修習醫學。

1583　　根據維維安尼（Vincenzo Viviani）在伽利略的第一本傳記中所描述，在比薩大學求學時期，伽利略觀察比薩教堂燈的擺動後，發現了鐘擺等時性原理。

1585　　結束第四年的學業，伽利略並未取得學位，回到佛羅倫斯。

1586　　捨棄亞里斯多德，伽利略師法阿基米德，開始從事物理的特定問題，並發明了比重秤。

1587　　第一次造訪羅馬，認識丁先生（Christoph Clavius）。

1589-92　任教於比薩大學，教授數學，年薪 160 金幣（scudi）。期間，伽利略於威尼斯共和國帕多瓦大學得到數學講座，年薪 160 金幣（ducats），他在那兒待到 1610 年，還認識了鄧玉函。

1600　　布魯諾（Giordano Bruno）被天主教判為異端，並且活生生地燒死。
　　　　8 月 13 日，伽利略情婦瑪莉娜為他生下長女，受洗後取名維吉妮亞，後來改名瑪麗亞‧謝利斯特（Maria

Celeste)。

1602	伽利略用鐘擺做自然加速運動實驗。
1607/8	進一步研究運動。發現拋射體的拋物線軌徑。
1609	約翰尼斯‧克卜勒（Johannes Kepler）發表《新天文學》，其中包括其行星運動定律之前二定律。
1610	移居佛羅倫斯，任塔斯卡尼大公爵的哲學和數學首席供奉，並在這裡用望遠鏡進行天文觀測和研究。
1610	出版《星際使者》。
1612	出版《關於太陽黑子的信札》。
1615	夏天，伽利略寫了《給塔斯卡尼大公爵夫人克莉絲蒂娜的信》（書中簡稱《給克莉絲蒂娜的一信》），雖未印刷，但傳閱甚廣。
1616	2月，顧問委員會向審判庭宣示，太陽為世界中心乃異端哲學，地球每年繞著太陽轉為異端哲學並為一錯誤神學。

教皇保祿五世親自下令給柏拉彌諾（Cardinal Bellarmine）主教：把伽利略召來，告訴他及早反省，並飭令他不得宣傳、擁護和討論哥白尼學說，否則就科以監禁。

在 1633 年發現的一份未簽名的審判檔案裡，明令禁止伽利略書寫及討論哥白尼學說。

| 1622 | 10月，伽利略將《試金者》（*The Assayer*），一本抨擊耶穌會思想家葛拉西（Horatio Grassi）的諷刺之作，手稿送往羅馬林西學院（Lincean Academy）發表。 |

1630　約翰尼斯・克卜勒去世。

　　　4月，伽利略完成《關於兩大世界體系的對話》。

1632　4月30日伽利略坦承他在《關於兩大世界體系的對話》中過於強烈支持哥白尼學說。

　　　6月，教皇烏爾班八世（Urban VIII）宣布伽利略被判無期徒刑。

1634　4月，伽利略長女，修女瑪麗亞・謝利斯特在阿切特里（Arcetri）的一個修道院去世。

1636　《給塔斯卡尼大公爵夫人克莉絲蒂娜的一信》以義大利及拉丁文出版。

1638　1月，伽利略左眼失明了。

　　　7月，《關於兩門新科學的對話》在荷蘭出版。

1642　1月8日伽利略去世於阿西垂（Arcetri），祕密地安葬於聖克勞斯（Santa Croce）。

余海禮（中央研究院物理研究所研究員）

聆聽行星的天籟
克卜勒：《世界的和諧》

一、未獲科學史妥適評價的克卜勒

1630 年 11 月 2 日，克卜勒在嚴寒的多季裡，經過馬背上長途的顛簸，終於到達了目的地雷根斯堡（Regensburg）。他準備在 11 月 5 日與來自林茨（Linz）的官方代表碰面，以便把政府償還他薪資的債券兌現。但是才過了幾天，克卜勒就因爲旅途的消耗，導致身體與精神狀況都墜入谷底，隨之而來的感冒更使他高燒不退。克卜勒本來就不是硬朗的人，往常也不時會發燒、打擺子與極度倦怠。只是這次他卻再也熬不過病魔的煎熬，終於在 11 月 15 日嚥下了最後一口氣。

當時正好有一個重要的會議在雷根斯堡舉行，所以不少有頭有臉的人都出席了他的喪禮，他們把克卜勒安葬在城裡的聖彼得墓園。兩年之後，在一次新、舊教徒的戰鬥中，騎兵橫掃過墓園，搗毀了克卜勒的墓碑。時至今日，已經沒有人確知克卜勒棺槨所掩埋的地點。

　　2004 年出版過一本精采的克卜勒傳記的康諾（James A. Connor），① 在書末敍述了他去探訪克卜勒紀念像的經過。從前聖彼得墓園所在的地區，現在是一座公園。克卜勒的半身像安置在由八根柱子撐起的圓頂亭子內，亭外環繞著榆樹與松樹。他的眼睛被人抹黑，看上去頗像位巫師。石像周遭亂丟了些啤酒罐與香菸頭，宛如最近又有亂軍在此紮過營。柱子上歪七扭八地寫著：「弗萊堡反政治人民黨」，以及「永遠不忘反抗軍的白玫瑰！」

　　這種場景也許某種程度地捕捉到克卜勒的歷史形象，一位準備通過對天體的認識來彰顯上帝智慧的學者，卻在宗教戰爭的洪流裡難以掌握自己的命運，最後甚至被自己堅定擁護的路德教會掃地出門。他的科學成就貫徹了哥白尼的日心說，並且為牛頓萬有引力定律的發現鋪好了道路。然而令人詫異的是，在美國華盛頓的國家航天航空博物館中，卻幾乎沒有關於克卜勒功績的展示。

　　克卜勒的成就中，最為人熟知的是行星運動的三條定律。其實他在很廣泛的領域裡都有卓越的創見，可以略舉如下：②

　　在《天文學實用光學》（*Astronomia Pars Optica*）一書中，克卜勒首先研究了針孔成像的原理，解釋了光折射在眼球裡產生視覺的過程，設計矯正近視與遠視的眼鏡，也解釋了雙眼產生視覺深度的理由。

---

① 請看參考資料英文部分第 3 項。
② 克卜勒還提出過最緊密堆積球體的猜測，直到最近才獲得解決，請看參考資料中文部分第 3 項。

在《屈光學》（*Dioptrice*）一書中，克卜勒首先描述了實像、虛像、直立像、倒立像與放大等現象，解釋了望遠鏡的原理，發現與描述了全反射現象。

在《量測酒桶體積新法》（*Stereometrica Doliorum*）小冊子中，克卜勒發展了計算不規則立體體積的方法，可算是積分學的先河。

克卜勒首先主張月亮是引發潮汐的源頭。

克卜勒首先利用地球軌道來量度恆星的視差效應。

在《新天文學》（*Astronomia Nova*）一書中，克卜勒推測太陽會繞自己的軸旋轉。

克卜勒所推算耶穌基督誕生的年代，現在仍然為大家接受。

然而克卜勒在科學史上的所佔據的份量，看起來似乎比他實質的貢獻來得略輕。譬如拿伽利略跟他比一比，伽利略較他早生七年，晚逝十二年。當偉大的裸視天文學家第谷（Tycho Brahe）於1601年過世後，克卜勒與伽利略就成為那個時代裡最重要的天文學家。克卜勒是新教徒，而伽利略是天主教徒，也許因為當時新舊教間的尖銳矛盾，致使他們彼此雖然有聯繫，不過關係並不緊密。他們兩人都受過宗教的迫害，也都深刻地影響了科學世界。伽利略在科學史上往往被塑造成殉道者，克卜勒卻常常被輕描淡寫帶過。最可能造成這種現象的理由，是因為克卜勒從來不願意把自己的科學研究與形而上思考分開，也不忌諱自己的形而上思考與宗教神祕主義的牽連。

在後世塑造的科學史中，伽利略與緊接其後的牛頓是奠定科學方法的巨人。他們從經驗的證據出發，避開各種形而上的

玄思，純粹運用邏輯的推理與數學的演算，便達到追求科學真理的高峰。因為克卜勒的形象很難安插在這種架構裡，所以對他的評價也自然會跟著打折扣。

上述科學史觀的形成，其實與牛頓的影響相當有關係。克卜勒為牛頓的光學奠定好了基礎，也把牛頓引領到發現萬有引力的門檻。克卜勒更為牛頓發明微積分鋪妥前進的道路，這一點是連另一位微積分的發明人萊布尼茲都不否認的。但是擁有龐大自我意識的牛頓，以及幫他製造聲勢的一批英格蘭與蘇格蘭的科學家，都絕口不談克卜勒的貢獻與影響。在替牛頓「造神」的過程中，克卜勒的行星運動定律便只能當做萬有引力定律的註腳，而不再是開創新思維的先驅了。

最近數十年間因為原始文件公開量的增加，伽利略與牛頓的真實面貌愈加清晰起來。我們認識到伽利略並沒有懷抱革命意識與天主教對幹，而牛頓消耗了大量歲月沈浸在煉丹術、聖經年代學以及其他神祕學問的探索上。當科學史的描繪更貼近充滿人性的實際景況時，我們才會正確認識到，克卜勒秉持形而上思維去推動科學進展並非異端，而他對於行星運動的研究，確實有劃時代的革命性貢獻。

二、宇宙奧祕在正立方體之間

在 1595 年 7 月 19 日的課堂上，克卜勒突然警悟到如果把太陽放在正三角形的重心，則木星與土星繞日的軌道正好對應於正三角形的內接與外切圓（圖一）。這個經驗促使克卜勒積極尋找行星繞日軌道的幾何意義，特別是想解決「為什麼行星個

數恰好是六個」的問題？③ 首先克卜勒瞭解到光靠平面的幾何
圖形是不足以解決問題的，其實這並不令他感覺詫異，因爲星
球畢竟是立體的東西，又怎麼能希望從平面的角度講清楚它們
之間的關係呢？他很快就想到所謂的柏拉圖立體（Platonic
solids），每個這類立體的各面都是相同大小的正多邊形，而在
歐幾里得的時候就已經證明這類規則多面體僅有五種：正四面
體（每面都是正三角形）（圖二）、正六面體（或稱爲正立方體，
每面都是正方形）（圖三）、正八面體（每面都是正三角形）（圖
四）、正十二面體（每面都是正五邊形）（圖五）、正二十面體（每
面都是正三角形）（圖六）。

　　克卜勒認爲如果在六個同心球面之間套上五個柏拉圖立
體，使得每個立體都內切與外接於前後的球體，那麼用一個平
面切過球心所得到的六個圓，就會對應於行星的軌道。④ 克卜勒
使用他能掌握到的天文數據來驗證這套多面體理論，高興地
說：「在幾天之內一切都搞定了，我看著一個個天體準確地擺
進了它應該佔據的位置。」1596 年克卜勒出版了《宇宙的奧祕》
（Mysterium Cosmographicum）一書，公開闡述自己的理論。
因爲當時歐洲最精密的觀察數據是在第谷的手裡，所以克卜勒
很希望有機會運用第谷的數據來強化自己的理論。克卜勒曾在
一封給他老師的信中說：「我對第谷的看法如下：他是極端的

③ 當時所知的行星只有水星、金星、地球、火星、木星、土星。
④ 球與立體從外到內的排列順序是：球（土星）、正六面體、球（木星）、正四面體、
　　球（火星）、正十二面體、球（地球）、正二十面體、球（金星）、正八面體、球（水
　　星）。請參看圖七。

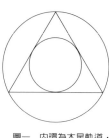

圖一　內環為木星軌道，
　　　外環為土星軌道。

圖二　正四面體

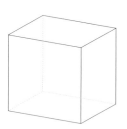

圖三　正六面體

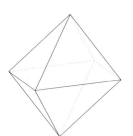

圖四　正八面體

圖五　正十二面體

圖六　正二十面體

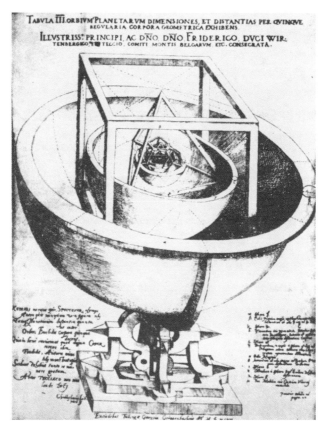

圖七　克卜勒《宇宙的奧祕》裡所繪行星軌道與柏拉圖立體

富有，但是跟一般有錢人一樣，他不會好好運用自己的財富。
因此，別人就該試著把他的財富攫取過來。」

　　如果後來克卜勒沒有擔任第谷的助手，並且在第谷亡故後
佔據了他的觀察數據，或許克卜勒就永遠陶醉在自己美麗而不
眞實的多面體理論。但是經過多年的努力之後，到 1605 年克卜
勒終於發現火星公轉軌道其實是橢圓形而非圓形。當他無法在
行星的遠日圓、近日圓以及平均圓之間，尋找出符合多面體理
論的關係時，他毅然決然抛棄了自己心愛的理論。在這種判斷
上，克卜勒展現了做爲現代科學方法前行者的姿態，他沒有因
爲形而上或神祕思想的偏愛，而漠視或扭曲經驗上的證據。⑤ 克
卜勒認識到必須從正多面體之外，去尋找行星軌道的規律性。

三、從火星軌道悟出兩條定律

　　克卜勒的《宇宙的奧祕》倒是得到第谷的讚賞，當反宗教
改革的迫害把克卜勒一家於 1600 年從格拉茨（Graz）驅離後，
第谷邀請他到布拉格一起工作。⑥ 雖然克卜勒在他的書中支持
哥白尼的日心說，但是向他伸出援助之手的第谷卻不是日心說
的信徒。第谷自有一套行星軌道理論，他認爲地球仍然是宇宙
的中心，太陽環繞著地球運轉，而其他的行星則環繞著太陽運

---

⑤ 克卜勒在《世界的和諧》書中解釋了爲什麼正多面體不能導出行星與太陽之間距離
　的實際比例，請看中譯本第 34-35 頁。
⑥ 有關克卜勒與第谷合作的歷史，請看參考資料英文部分第 5 項，是一本精采的雙人
　傳。

轉。（圖八）

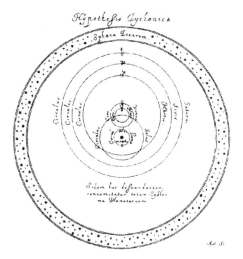

圖八　第谷的行星軌道系統

　　傳統的地心說是以托勒密的系統最具代表性，[7] 但是他的系統非常的複雜，而且隨著時間的進展，推算出的天象誤差也愈來愈大。在 1504 年托勒密系統預測的行星合衝誤差了 10 天，到 1563 年另一次預測的誤差甚至達一個月之久。第谷在無法滿意托勒密系統的情形下，發展出自己的地心系統。其實從數學的角度來看，第谷與哥白尼的系統是等價的，只是前者把觀察點放在地球，而後者則放在太陽。但是第谷遵照聖經的說

　　[7] 請參閱本書吳建宏所撰〈宇宙的本輪〉第三節。

法，讓地球佔據宇宙的中心，就可以避免成為宗教上的異端邪說。

　　如果想要比較第谷與托勒密的系統哪個更為正確的話，其實可以用火星的軌道來檢驗。從圖九的描繪中可看出，如果第谷的系統是正確的話，則火星有時候會比太陽走得更接近地球。但是如果托勒密的系統是正確的話，則火星永遠無法比太陽更接近地球。因此第谷花了很多的時間觀察火星的位置，留下了大量精密的數據。第谷發現克卜勒正是他迫切需要的數學高手，有希望幫他從觀察的資料裡建立火星軌道的幾何性質。

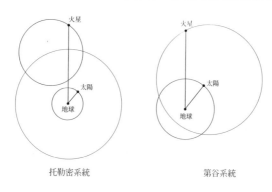

托勒密系統　　　　　　　第谷系統

圖九　地球到太陽與火星的方向（夾角）一致，但是距離關係大不相同。

　　第谷開始時只把火星的觀察數據給克卜勒去分析，可是克卜勒一心冀望於有機會運用第谷所有的資料，以便他能進一步理解宇宙的和諧。1601年初第谷不幸突然逝世，在他的繼承人還來不及掌握他的星象觀察數據之前，克卜勒就捷足先登把那些重要的資料據為己有。克卜勒的手段是否合乎道德與法律的規範，確實有可議論之處。近來更有人編出一套好似偵探小說

的故事，指控克卜勒毒殺了第谷，主要的依據就是因為克卜勒是第谷亡故後的最大受益人。⑧ 但是站在科學史的立場上，克卜勒的果敢行動倒是為後人造了福。

原來第谷要求克卜勒計算出火星精確軌道的任務，在第谷永別之後他才得以全速執行。克卜勒初步分析的結果顯示火星繞日的軌道雖然非常接近圓形，但是太陽並沒有座落在圓心，而是偏離了大約十分之一個半徑。另外一項明顯的事實是火星的運轉速度並非常數，它在距離太陽近的時候跑得快，而在離太陽遠的時候跑得慢。包括克卜勒自己在內，當時每個人都認為只要觀點看對了，行星的運轉速度都應該是均勻的。那麼火星的詭異現象要怎麼來解釋呢？

其實在托勒密地心說的模型裡，也要處理行星環繞地球時速度有變化的現象。在托勒密的系統裡，每個行星繞著自己的本輪（epicycle）做圓周運動，而本輪的圓心則在一個均輪（deferent）上做圓周運動。不過均輪的圓心與地球之間有些距離，在地球與均輪圓心連線的另外一側等距的地方，有一個想像的點叫均衡點（equant）。（圖十）克卜勒把這套模型搬來用到日心說上，就可以看出火星離太陽最遠的地方正好是離均衡點最近的地方，反之亦然。因此從火星運轉時掃出的角度來看，對太陽而言角度最小（也就是速度最慢）的地方，恰好對均衡點而言角度最大，反之亦然。於是行星環繞均衡點的角速度就是均勻的了。

⑧ 請看參考資料英文部分第 7 項。

此點速度最快

火星

太陽

心

均衡點

此點速度最慢

圖十　克卜勒火星繞日軌道雛形。

　　第谷的星象觀察數據可以精確到 1 分（也就是 1/60 度），克卜勒不管如何微調托勒密式的模型，火星軌道的誤差最少也有 8 分（也就是 8/60 度）。⑨ 在第谷之前，不曾有人能觀察出這麼微小的誤差，因此也沒有人懷疑過火星的軌道不是圓形。但是克卜勒面對著第谷的精密數據，就不得不放棄托勒密式的模型而另起爐灶了。因為火星位置的度量都是從地球上觀察而得，如果想精準的描繪出火星繞日的軌道，克卜勒知道必須先把地球相對於太陽的位置計算精確，但是要解決這個問題並不簡單。

　　假設你坐在一條小船上，手上拿著地圖與羅盤，你看到海岸上有一座燈塔，你能不能在地圖上標定出小船所在的位置呢？你可以用羅盤量出從小船到燈塔連線的方向角，但是因為

⑨ 讀者想要體會 8 分的大小是多少，不妨用兩指夾一枚一元硬幣，然後把手臂伸直後觀察硬幣的側面。

你不知道兩者之間的距離，所以無法確定小船的位置。但是如果岸上有兩座不同方向的燈塔，情況就大不相同了。在地圖上通過那兩座燈塔，分別畫兩個方向角的直線，兩線相交處就是小船的位置。（圖十一）這套標定位置的方法古希臘人就知道，但是在星空裡誰來當那兩座燈塔呢？

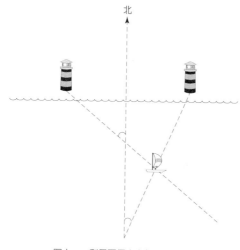

圖十一　利用兩個方向角標定位置

克卜勒在解決這個問題上，發揮了高度的聰明巧思，他居然把火星與太陽當做兩座燈塔。又因為恆星離地球實在太遠，從地球上看去它們的位置是不動的。[10] 所以恆星可以擔負起羅

---

⑩ 每晚星星看起來有起有落是因為地球自轉的緣故。

盤上指北的功用。只是令人不解的是火星不是一直繞著太陽旋轉嗎？怎麼能拿來當做燈塔呢？幸好當時已經知道火星每 687.1 日會回到同一個位置，克卜勒善加利用第谷留下堆積如山的觀察資料，標定出很多相隔 687.1 日時，火星與太陽相對於地球的位置，從而描繪出地球繞日的軌道。這種作法連愛因斯坦都認為是真正天才的想法。

克卜勒發現地球繞日的軌道非常接近圓，但不是完美的圓形，而且地球在軌道上也不是等速運行。他計算出地球在距離太陽最近一點的運動速度比上最遠一點的運動速度，正好等於兩個距離比的倒數。⑪ 克卜勒在《宇宙的奧祕》一書中就曾經以形而上的理由揣測太陽具有一種運動精神（anima movens），現在數據顯示離太陽愈遠，太陽的推動力愈弱，離太陽愈近，太陽的推動力愈強。只是其間的關係看起來好像只是一個線性的反比關係，而克卜勒原以為應該有一種平方反比的關係。那是因為從太陽發出的影響，是平均地依循球面擴張出去，於是當距離增加時，球的表面積就應該按平方倍數增加，所以影響力便應以平方倍數的倒數降低。克卜勒的這種思想其實已經為牛頓的萬有引力思想開了端倪。另外值得注意的是，克卜勒在天體的運行上嘗試引進物理的解釋，而不受限於傳統天文學只在於建立正確描繪天體軌道的數學模型。因此也有人認為克卜勒是最早的天文物理學家。

⑪ 在近日點處，地球與太陽間的距離是 9 千 140 萬英里，速度是每秒 188 英里。在遠日點處，地球與太陽間的距離是 9 千 450 萬英里，速度是每秒 18.2 英里。克卜勒當時只知道兩組比例的值，而不知道四個明確的數值。

　　以上速度與距離的關係還有一種幾何的看法。假想從太陽
心連接到地球心有一根可伸縮的棍子，當地球繞日旋轉時，這
根棍子會掃出面積來。這個面積的變化又如何呢？在近日與遠
日點時，地球運動的方向是與棍子垂直的，所以可以想像一秒
鐘各掃出一個小三角形（圖十二），這兩個三角形面積的比正好
是各自底乘高的比，也就是底之間的比乘上高之間的比的倒
數，從前面克卜勒計算出的比例關係，可推論出兩個三角形面
積會相等。地球的軌道幾近圓形，而在距日最遠點單位時間內
所掃出的面積等同於在距日最近點單位時間內所掃出的面積，
所以地球在整個軌道上單位時間內都掃出相同的面積。這就是
克卜勒想追尋的深層的「均勻運動」。

圖十二　在近日點與遠日點的小三角形

　　克卜勒根據描繪地球軌道的結果，再利用第谷的豐富觀察
數據，就可以把火星的軌道相當精準的描繪出來。他發現那是
一條卵形線，能夠放在一個圓裡面。如果圓的半徑等於 1，則卵
形線的短徑 CM 比圓的半徑短了 0.00429，也就是說 AC/

MC＝1.00429。另外他度量了火星（M）與卵形線中心（C）的連線，以及與太陽（S）的連線之間的夾角，其值爲 5 度 18 分。這個角度的正切值，也就是 SM/CM 恰好等於 1.00429。（圖十三）克卜勒自己說當他發現這個事實時，「我好像從睡夢中被喚醒。」⑫ 這個關鍵點上的頓悟，使他接著有勇氣跳躍到整體的規律性。他仔細檢查了所有的數據，發現相同的關係確實在軌道上的每一點都成立。這個時候笛卡兒（Descartes）的解析幾何還沒有問世，否則克卜勒應該會很快察覺在他找到的關係下，火星軌道必然是一個橢圓，而太陽座落在橢圓的一個焦點上。⑬

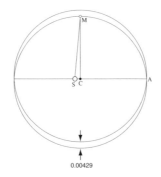

圖十三　火星軌道與圓形之比（爲觀看方便，其間誤差已被誇大。）

⑫ 也就是這句話，使得 Arthur Koestler 在他的精采合傳裡把克卜勒稱爲「夢遊者」，請看參考資料英文部分第 10 項。

⑬ 其實除了水星之外，火星的橢圓軌道離心率最大，才使克卜勒的分析比較容易成功。所以當第谷把計算火星軌道的任務分配給克卜勒時，也可說順便帶給了他好運。

總而言之，克卜勒又經過一些挫敗與轉折，在耗費了六年光陰
與上千頁的計算後，終於找到了行星運轉的兩條定律：

橢圓定律：行星繞日的軌道是橢圓形，而太陽位在橢圓的
一個焦點上。（圖十四）[14]

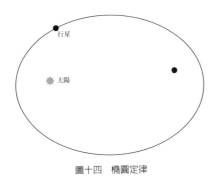

圖十四　橢圓定律

等積定律：每顆行星在繞日軌道上，於相同時間內會掃出
相同的面積。（圖十五）

在西方天文學的傳統上，認爲天體都是完美的物體，因此
它們運轉的軌道一定是最完美的幾何圖形。從美學的觀點看
來，只有圓形是唯一可能的選擇。這種想法根深蒂固，即便是
哥白尼也沒有放棄，他的《天體運行論》（*De Revolutionibus
Orbium Coelestium*）的第四章標題就是「天體的運動是均勻而

---

[14] 如果只觀察某個行星與太陽構成的二體系統，則根據牛頓的萬有引力定律，兩者其
實都各自運行在橢圓軌道上，而兩者的重力中心剛好都在橢圓的焦點上。

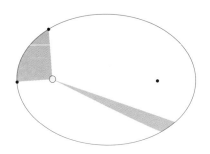

圖十五　等積定律

永恆的圓周運動，或是由圓周運動複合而成」。⑮ 然而克卜勒寧可犧牲形而上的主觀認知，卻絕對忠於經驗數據的做法，讓他革了一次亙古未有的命，使他能超越哥白尼而徹底地建立了日心模式，也讓人類對於宇宙運轉的知識跨出極大幅度的一步。

　　現代人已經很難體會在克卜勒肩上所壓抑的傳統偏見是多麼沈重，而他需要多麼大的智慧與勇氣才能掙脫傳統思想的桎梏。克卜勒雖然不諱言自己在作研究時，所依循的形而上或神祕思想的動機，但是他最後的結論卻沒有偏離經驗的證據。這種實證精神的貫穿，應該使克卜勒在科學史上的地位獲得更大的肯定。

⑮ 請參見中譯本第 33 頁。

四、天籟如許和諧

在尋求天體運動的和諧性上，西方老早有人把它跟音樂拉上關係。他們認為星體依附在一個個以地球為中心的透明水晶球上，這些水晶球一層層地套在一起。（圖十六，圖十七）在這些球之間蕩漾著人耳聽不見的曲調，是一種宇宙音樂（Musica universalis）。

但丁在他偉大的《神曲》裡描述通往天堂的九層球體，是最具代表性的刻畫：

第一層是月亮，居住著放棄誓言的人。

第二層是水星，居住著為求名而行善的人。

第三層是金星，居住著為了愛而行善的人。

第四層是太陽，居住著有智慧的人的靈魂。

第五層是火星，居住著為基督教而戰的人。

第六層是木星，居住著表現公義的人。

第七層是土星，居住著沈思冥想的人。

第八層是所有的恆星，居住著具有真福的人。

第九層是原始推動者的天使。

穿過九層天球後，就可以與上帝見面了。

為什麼星球會跟音樂發生關係呢？那就需要知道一點古希臘哲人畢達格拉斯（Pythagoras）把音樂數學化的理論。

古代的文明中，處處可見播弄弦線產生樂音的蹤跡。畢達

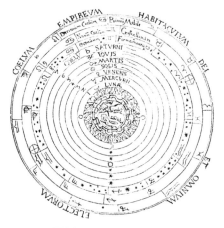

圖十六　希臘人的地心宇宙模式

圖十七　中世紀歐洲人認為天體座落在水晶球上

格拉斯發現當振動弦線按照某些特定的比例變化長短時，會發出彼此和諧的音調。最簡單的譬如弦長加長一倍，則音高正好下降八度，也就是說聲音的品質相同，但是弦線振動的速度只有原來的一半。弦長的比例如果是 2：3，或者是 3：4，都會產生和諧的音調。但是在畢達格拉斯之後，希臘也有另外一派處理音樂的方式，其中以西元前四世紀的阿里斯多希那斯（Aristoxenus of Tarentum）為代表人物，他主張音階上的音符應該用聽覺而非數學來決定。天文學家的托勒密曾經利用一弦琴來定四弦琴的八度音程，他是依賴更多經驗上的觀察，而非理論的玄想，來大力支持畢達格拉斯的音樂理論。

中古的歐洲把音樂的概念區分為三類：musica universalis，musica mundana，musica instrumentalis。第一類 musica universalis 也稱為天球的音樂，它其實只是一種概念，指天體運動間的和諧比例關係。第二類 musica mundane 指身體各部門的比例反映了天體的比例。第三類 musica instrumentalis 是指包括人聲與樂器所發出真正能聽得見的聲音，只有這部分的音樂才與我們現在所謂的音樂概念相符合。從第一類傳承畢達格拉斯思想的看法，產生了各種各樣把天體與音樂聯繫在一起的方式。

克卜勒在寫《宇宙的奧祕》時，也跟別人一樣擁有樸素的天體音樂的思想。當 1607 年克卜勒從馮霍亨伯格男爵（Herwart von Hohenberg）處借得托勒密的《音樂原理》（*Harmonica*）一書後，他才發現一千五百年前就有人跟他的想法十分契合。這使得他重新燃起了在天體之間尋找和諧的企圖，從此走出柏拉圖立體的侷限，前往音樂裡尋求更多可能性。尤其當他

發現了行星運動的頭兩條定律之後，可以從天體裡找出的數字就更爲豐富了。譬如，有橢圓軌道的長軸與短軸長度，有遠日點與近日點到太陽的距離，有行星在特定位置的運轉速度。如何在眾多的數據裡找出上帝所安排的和諧性，成爲挑戰克卜勒的新課題。

從 1617 年後半到 1618 年初，是克卜勒人生中相當黯淡的一段時間，他不但辛苦地幫母親從女巫案脫身，⑯ 而且在六個月之間喪亡了三個女兒。他那受困擾的心靈實在無法專心於《魯道夫星表》（*Rudolphine Tables*）⑰ 的計算與製作上，只好以思考天體的和諧問題做爲一種抒解。

克卜勒計算了行星繞日軌道在遠日點與近日點的角速度，也就是說在 24 小時內，從太陽看那顆行星走過的弧線是多少分多少秒。譬如土星在遠日點的角速度是每天 106 分，在近日點是每天 135 分，兩者的比例近似於 4：5，相當於一個大三度的音程。克卜勒進一步發現如果考慮行星兩兩之間的角速度比例，甚至能產生完整音階裡的所有音程。譬如，木星的最大值與火星的最小值之比對應於小三度（5：6），而地球與金星則對應於大六度（3：5）。另外，克卜勒觀察到地球在遠日點與近日

⑯ 克卜勒母親涉及女巫案的來龍去脈，請看參考資料英文部分第 3 項。

⑰ 第谷在去世時拜託克卜勒根據他畢生積累的觀察資料，依照第谷的宇宙模型，編制出一份精確的星表。爲報答魯道夫二世聘請他爲皇家數學家的知遇之恩，星表擬命名爲《魯道夫星表》。克卜勒在經過多年的斷續工作後，於 1627 出版了這本星表，在此後一個多世紀中，成爲天文學界的標準星表。當然克卜勒不會再使用第谷的宇宙模型，而是以他自己三大定律建立的日心體系爲理論基礎。

點的角速度比是 15：16，相當於一個半音，也就是說地球繞日一圈，天籟從 mi 到 fa 循環演奏。而金星的 25：26 則幾乎是平的調子。克卜勒在《世界的和諧》這本書裡，討論了各種繁複的比例所表現出行星所演奏的天上音樂。[18]

克卜勒是從形而上的動機去尋求行星軌道與音樂之間的關係，但是他的判斷是奠基在第谷的精密觀測數據上。克卜勒當時還不知道的天王星、海王星與冥王星，現在已有人計算它們的角速度，結果也都對應於和諧的音程。所以天體的音樂不純然是直覺走運尋獲的巧合。

當克卜勒沈浸在各種天體的數據中，去尋求心目中上帝所賦予的音樂時，於 1618 年 3 月 8 日他發現了行星運動的一種新規律。剛開始他還不敢相信這種現象可以成為一條定律，一直到 5 月 15 日他才確認了行星運動的第三條定律。[19]

和諧定律：任何兩顆行星公轉週期的比例，恰等於各自軌道與太陽的平均距離的 3/2 冪次的比例。[20]

這條定律裡量度時間的單位通常取為地球的年，而量度距離的單位通常取為天文單位（A.U.），也就是地球與太陽之間的平均距離。如果採取了這兩種單位，則週期的平方應該與平均

[18] 使用 Joe Monzo 的網頁 Solar System: "music of the spheres" A sonic orrery of our solar system（http://sonic-art.org/monzo/solarsystem/solar-system. htm）裡的連接，可以聽到天體音樂的播出。不過都很單調而不見得悅耳。

[19] 請參見《世界的和諧》中譯本第 39 頁。

[20] 克卜勒在推導出這條定律時，曾經參考了與他同時代的著名幾何學家，也曾經是利瑪竇老師的耶穌教士丁先生（Clavius）的名著《實用幾何學》（*Geometrica Practica*）裡所附的 1 到 1000 的平方與立方表。請參見《世界的和諧》中譯本第 117 頁。

距離的立方相等。下表所列的是目前所知的行星數據與對應的比值，其中比值與 1 有點偏差的原因，必須在牛頓萬有引力理論的架構內才能得到恰當的理解。

行星	週期 T (年)	平均距離 R (天文單位)	T^2/R^3 (年²/天文單位³)
水星	.241	.39	0.98
金星	.615	.72	1.01
地球	1.00	1.00	1.00
火星	1.88	1.52	1.01
木星	11.8	5.20	0.99
土星	29.5	9.54	1.00
天王星	84.0	19.18	1.00
海王星	165	30.06	1.00
冥王星	248	39.44	1.00

　　克卜勒雖然以超乎前人的精確度，描述出行星的軌道與運動的規律，但是他解不開為什麼行星要偏離開完美圓形的謎題。1600 年英國物理學家吉爾伯特（William Gilbert）出版了《論磁鐵與磁性物體，兼論做為巨大磁鐵的地球》（*De Magnete, Magneticisque Corporibus, et de Magno Magnete Tellure*），克卜勒讀後對於磁鐵相吸相斥的作用非常感興趣，甚至想嘗試利用磁性來解釋地球的軌道為何是橢圓形。因為在

地球環繞太陽的過程中,地球軸總是指向北極星,所以一年中有一部份時間北極比較傾向太陽,而在另外一段時間則南極比較傾向太陽。假如太陽只有一個磁極,那麼一年中有時會吸引地球,有時會排斥地球,這種推拉的外在力量就會把地球的軌道從圓變成橢圓。我們現在知道克卜勒這種觀念實在錯得離譜,可是我們不能不佩服他那活潑的創意思想。

克卜勒在《新天文學》裡說:「假如在空間裡放置兩顆距離相近的石頭,而且沒有其他任何物體力量的影響,則它們會在中間點碰到一起,並且每顆石頭以正比於另一顆石頭的質量的速率前進。」可見他已經放棄亞里斯多德認為重物自動趨向世界中心的學說,而把重力當做物體間彼此的影響。從這種觀點出發,克卜勒正確理解到潮汐是因為月亮的重力拉引。他說:「假如地球停止吸引海洋裡的水,則海水會飛升奔向月亮。」以及「假如月亮的吸引力能夠達到地球,則地球的吸引力更會達到月球,甚至更遙遠的地方。」

這些言詞裡顯示克卜勒對重力的理解,已經遠超出他同輩的科學家。可惜克卜勒沒能進一步認識到同樣的重力,也就是影響行星運轉的根源。雖然克卜勒好像相當接近了萬有引力的發現,但是科學史上不乏類似的例子,從後見之明看來應該輕易跨出的一步,但是在舊有觀念體系的束縛下,前進的步履會是多麼的蹣跚。阻礙克卜勒完成最後突破的陳見,是他認為行星需要一種沿運動方向不斷的推力,才能保持在軌道上持續運轉。這種陳見的錯誤,要到伽利略的《關於兩種新科學的數學討論與證明》(*Discorsi e Dimostrazioni Matematiche, intorno â due nuoue scienze*) 於 1638 年出版後才得以矯正。如果

1638 年克卜勒還健在的話，當他看過伽利略的巨著後，會不會
又有好像從睡夢中被喚醒的感覺？再次發現他所讚嘆的上帝，
是多麼精心地安排了宇宙萬物的軌跡！

有關克卜勒的參考資料[21]

中文

1. 姚珩、黃秋瑞,〈克卜勒行星橢圓定律的初始內涵〉,科學教育月刊,第 256 期,2003,33-45 頁。
2. 姚珩,〈行星面積定律的建立〉,科學教育月刊,第 274 期,2004,32-38 頁。
3. George G. Szpiro 著,葉偉文譯,《刻卜勒的猜想》,臺北:天下文化,2005。

英文

1. Carola Baumgardt, *Johannes Kepler: Life and Letters*. London: Gollancz, 1952.
   克卜勒書信的英譯本。
2. Max Caspar, *Kepler*. New York: Dover, 1993.
   權威性的克卜勒傳記。
3. James Connor, *Kepler's Witch: An Astronomer's Discovery of Cosmic Order amid Religious Wars, Political Intrigue, and the Heresy Trial of His Mother*. New York: HarperCollins, 2004.
   偏重人文面向的傳記,特別是宗教信仰對克卜勒的影響,但

---

[21] 本表所羅列的英文書多為常見推薦參考書,並不表示本文作者都閱讀過。

是在科學知識面向比較薄弱。

4. John L. E. Dreyer, *A History of Astronomy from Thales to Kepler*. New York: Dover, 1953.
西方在克卜勒之前的天文學史，可做為瞭解克卜勒的背景知識。

5. Kitty Ferguson, *Tycho and Kepler: The Unlikely Partnership that Forever Changed Our Understanding of the Heavens*. New York: Walker, 2002.
第谷與克卜勒的合傳，相當精采地描述了兩者間的關係，科學內容也沒有遭到忽視。

6. J. V. Field, *Kepler's Geometrical Cosmology*. Chicago: Chicago University Press, 1988.
從幾何觀點討論克卜勒宇宙論的學術性著作。

7. Joshua Gilder and Anne-Lee Gilder, *Heavenly Intrigue: Johannes Kepler, Tycho Brahe, and the Murder Behind One of History's Greatest Scientific Discoveries*. New York: Doubleday, 2004.
1991 年從第谷遺留的頭髮中檢驗出過量的汞，作者夫婦由此推論是克卜勒謀殺了第谷。

8. Owen Gingerich, *The Eye of Heaven: Ptolemy, Copernicus, Kepler*. New York: American Institute of Physics, 1993.
作者為著名天文史家，在此文集中引介了西方天文史的精華。

9. T. Jacobsen, *Planetary Systems from the Ancient Greeks*

to Kepler. Seatle: University of Washington Press, 1999.
本書從古希臘到牛頓之前的西方重要天文學家,都有專章討論其生平與貢獻。

10. Arthur Koestler, *The Sleepwalkers*. London: Arkana Books, 1989.
作者雖然不是專業科學家或科學史家,但是他以生動的筆觸與新鮮脫俗的觀點描繪了哥白尼革命中的核心人物,是一本深具啟發意義的名著。

11. R. Martens, *Kepler's Philosophy and New Astronomy*. Princeton: Princeton University Press, 2000.
近年來有關克卜勒研究方面極具創意的著作,強調克卜勒的哲學思想對於他開展天文理論的影響。

12. Bruce Stephenson, *Kepler's Physical Astronomy*. New York: Springer, 1987.
在克卜勒研究方面一本具標竿性的著作,探討了克卜勒行星運動定律的產生歷程。

13. J. Voelkel, *The Composition of Kepler's Astronomia Nova*, Princeton: Princeton University Press, 2001.
本書作者仔細研讀《宇宙的奧祕》與《新天文學》,澄清許多對兩書的誤解,也是近年來在克卜勒研究方面的重要著作。

網路資源

1. Johannes Kepler: en.wikipedia.org/wiki/Kepler
本網頁是《維基百科,自由的百科全書》中克卜勒的條目。

2.Galileo and Einstein, Overview and Lecture Index:
http://galileoandeinstein.physics.virginia.edu/lectures/
lecturelist.html 4.
本網頁是美國維吉尼亞大學物理系教授 Michael Fowler 課
程講義，本課程講解伽利略與愛因斯坦對於人類認識宇宙的
革命，其中關於第谷與克卜勒的章節極具參考價值，本文採
納不少其中論點。

3.克卜勒行星運動定律的動畫展示：http://www.phy.ntnu.
edu.tw/moodle/mod/resource/view.php?id = 112
本網頁是臺灣師範大學物理系黃福坤副教授所負責「物理教
學示範實驗室」的精采動畫的一部份。

克卜勒年表[22]

1571	約翰內斯・克卜勒於 12 月 27 日誕生於魏爾（Weil der Stadt）。
1575	全家搬到萊昂貝格（Leonberg）。
1577	母親帶克卜勒觀看大彗星。
1577-83	在萊昂貝格就學（中間有斷續）。
1578-79	上拉丁學校。
1579	因爲搬家到伊歐門丁根（Ellmendingen），使得克卜勒在年底輟學。
1580-82	克卜勒做了很多田裡的活。
1583	返回萊昂貝格上拉丁學校。
1584	全家又搬回萊昂貝格。就讀在阿代爾貝格（Adelberg）的初級修道院學校。
1586	升級到在茂布郎（Maulbronn）的高級修道院學校。
1587	進入杜賓根（Tuebingen）大學。
1589	父親離家出走。
1591	得到學士學位，開始研究宗教。
1594	赴格拉茨（Graz）任教。
1595	在 7 月 19 日的課堂上，突然警悟到三角形的內接與外切圓的關係，正好等同於木星與土星軌道的關係。

㉒ 括弧中楷書字體部分，是用做參考對照的歷史事件。

1596	《宇宙的奧祕》在杜賓根印行。
1597	4 月 27 日與巴爾巴拉（Barbara Mueller von Mue-hleck）結婚。
1600	前往布拉格，於 1 月 4 日與第谷首次見面。
	（2 月 17 日布魯諾因爲宣揚哥白尼學說，以及主張無限宇宙的圖像，被焚死於羅馬百花廣場。）
	因爲反宗教改革勢力的壓迫，克卜勒全家於 9 月 10 日逃離格拉茨，在 10 月 19 日抵達布拉格。
1601	第谷於 10 月 24 日逝世。克卜勒被任命爲皇家數學家。
1604	觀察到後世以克卜勒命名的新星。
1605	復活節期間發現火星的軌道是橢圓形。
1607	（由利瑪竇與徐光啟譯的歐幾里得《幾何原本》前六卷在中國出版。）
1608	（望遠鏡問世。）
1609	《新天文學》出版，公布了行星運動的第一與第二定律。
1611	妻子巴爾巴拉逝世。出版有關雪花的專著，以及設計新型的折射望遠鏡。
1612	1 月 20 日魯道夫二世逝世，在 5 月移居林茨（Linz）。克卜勒被路德教會禁止領聖餐。
1613	10 月 30 日與蘇珊娜（Susanna Reuttinger）結婚。
1616	（2 月 24 日羅馬宗教法庭宣布哥白尼的《天體運行論》爲禁書。）

1617	《哥白尼天文學概要》（*Epitome Astronomiae Copernicanae*）第一卷在林茨（Linz）出版。
1618	（三十年戰爭開始。）
1619	《世界的和諧》第五卷在林茨出版，公布了行星運動的第三定律。
1620	《哥白尼天文學概要》第二卷在林茨（Linz）出版。
1602-20	協助母親在女巫案中獲得清白。
1621	《哥白尼天文學概要》第三卷在法蘭克福（Frankfurt）出版。
1626	在反宗教改革勢力的壓迫下，克卜勒一家離開了林茨。
1626-27	《魯道夫星表》於烏爾木（Ulm）出版。
1626	拒絕改信天主教。
1630	11 月 15 日於雷根斯堡（Regensburg）逝世。
1633	（伽利略在羅馬接受宗教審判，被判終身監禁。）
1634	（由徐光啓主出編纂的《崇禎曆書》撰成，書中採用第谷的宇宙體系，但也引用了少許哥白尼、伽利略、克卜勒的材料。原書未能忠實與全面地介紹歐洲的最新天文學知識。）
1647-50	（三十年戰爭逐漸平息。）

李國偉（中央研究院數學研究所研究員）

克卜勒時代日耳曼的概要地圖

安奴米拉比里
牛頓：《自然哲學之數學原理》

一、自然哲學之數學原理

　　我們的宇宙有規律嗎，它是遵照什麼樣的規律呢？宇宙是怎麼來的？它將往那裡去？望著天空，每一個小孩或多或少都對我們的宇宙提出過很多疑問。慢慢的經過學習，忘掉了原來的疑問。今天每一個人都能夠在基礎教育中，學到牛頓（Isaac Newton, 1642-1727）的運動定律，但是也忘了小孩時的疑問。似乎那些問題應該是讓科學家去研究吧？

　　然而，現在的科學家除了需要忙著許多研究經費的爭取，還需要找到好的研究課題（現實上，經費也給予研究課題許多限制）。在忙碌的科學研究中，大多數時間只是解決了一些細小的技術問題，真正有重大貢獻的研究，卻常常是在一段開放而沒有現實煩惱的空間所完成的。牛頓的安奴米拉比里①　（annus

---

① 安奴米拉比里，拉丁文，意味著驚奇的一年。

mirabilis）那年就是這樣。

西元 1665 年到 1666 年的 18 個月之中，因為一場大瘟疫，劍橋大學暫時關閉了。當時牛頓 24 歲，在劍橋大學第一個數學教授巴羅（Isaac Barrow, 1630-1677）的指導下，學習了一年的歐幾里德（Euclid）幾何學。因為學校暫時關閉，回到在英格蘭林肯郡的沃思索普（Woolsthorpe）家中。我們常常聽說蘋果從樹上掉下來，引發牛頓發現萬有引力理論的故事，就是發生在這一年。1665 年初，牛頓發現了級數逼近方法以及二項式定理。同年 5 月他發現了切向量方法，在 11 月發現了微分。1966 年 1 月他形成了關於顏色的理論，同年 5 月他發現了積分方法。同時，他思考月球的萬有引力，從克卜勒行星運動定律，找到了向心力與距離平方反比的規律。所有這些新發現都發生在大瘟疫期間。牛頓後來回憶說，他一生中最好的研究時間就是這個時候。科學史上稱這約 18 個月是安奴米拉比里，用這個詞來讚頌牛頓在這段時期的科學創造活動。

在這時期的牛頓，認真研讀了古希臘數學家歐幾里德的《幾何原本》（Elements），教給牛頓根據幾個公理推理出三角形、圓、直線、球體性質的基本方法。《幾何原本》是人類歷史上一個大貢獻，第一次把推演法規律化，可以說是西方科學中推演法的根源，對牛頓有很大的啓發。同時牛頓也研讀了笛卡爾（René Descartes, 1596-1650）的《幾何學》。在這本書裏，幾何與代數這兩大領域被聯繫起來。牛頓學會了如何把一個未知量畫成一條直線，兩個未知量可以畫在一個平面上。研究未知量的變化的方程式，就可以畫成這個平面的一個曲線。牛頓學會了如何計算方程式的解，還知道它們的性質：最大值、最小

值、切線和面積，這些都被牛頓畫成圖來表示。就這樣牛頓一天又一天在筆記上記畫著他的研究。為了計算雙曲線的面積，他構造出一個無窮級數：

$$ax - \frac{x^2}{2} + \frac{x^3}{3a} - \frac{x^4}{4a^2} + \cdots$$

他發現這個無窮的級數最後會接近一個極限。他一直計算這個數到小數點後面第 55 位——密密麻麻的在一張紙上。

1665 的秋天，牛頓記下了他對運動學的筆記。他通過計算曲線上非常相近兩個點的關係找到了一種畫曲線切線的方法，從而能夠計算運動的速度。這樣對於幾何學的研究，就和對運動學的研究結合起來：測量曲線的曲率可以找到變化率。速度是位置的變化率，而加速度是速度的變化率。就這樣，時間與空間的概念聯繫起來了，速度與面積兩個看起來不相干的量也成為同類的量。

緊接著在 1665 年 11 月，1666 年 5 月與 10 月的筆記上，牛頓討論了許多不同的情況，包括質點作向心運動的一些性質。他假設向心運動的軌道是圓的，從克卜勒行星運動第三定律，推導出引力必須與距離的平方成反比。他進一步發現蘋果從樹上掉下來所受到的引力，也必須與地球半徑的平方成反比。就這樣把天體星球間的引力，與地球上的地心引力結合起來，牛頓發現了萬有引力定律。

此時的英格蘭各地，都遭受著火災和瘟疫帶來的災難。但是在沃思索普鄉下，星光點綴著夜晚，月光穿過蘋果樹灑在大

地，投射出美麗的曲線，牛頓看到了其中變化的規律。在這一年中他奠定了他在微積分、光學與力學的主要發現。瘟疫結束後，牛頓回到劍橋大學，但是並沒有把這一年半的研究告訴任何人。

巴羅看出牛頓傑出的數學才能，在 1669 年辭去劍橋大學盧卡斯數學教授② 轉謀神職時，推薦了牛頓來繼任盧卡斯數學教授。1679 年，牛頓推廣了他在安奴米拉比里的研究，證明了克卜勒面積定律並非只對平方反比律，而是對所有向心引力都有的性質，他並且證明了橢圓軌道運動的物體，對其橢圓焦點的力是成平方反比的。但是他對其中隱含了地球對物體的吸引力，如同完全由地球中心產生的結果感到懷疑。

直到 1684 年 1 月，雷恩（Christopher　Wren），哈雷（Edmund Halley）和胡克（Robert Hooke），三位英國當時著名的科學家，在倫敦討論行星運動軌道問題。他們當時已認識到太陽對行星的吸引力作用，是和距離的平方成反比的，但是缺乏數學的論證。特別是他們無法證明，服從此定律的天體的運動軌跡就是橢圓形的。胡克雖然說他知道，但一直拿不出計算結果來。哈雷由於這個問題得不到解決，到劍橋大學去請教牛頓。當他向牛頓問到：假定一個行星被太陽吸引，吸引力與距離的平方成反比，那麼行星遵循的軌道應是什麼樣的曲線？牛頓不假思索地回答：是橢圓，而且他在幾年前就得到了

---

② 劍橋大學盧卡斯數學教授職位是遵照前大學議會議員盧卡斯（Henry Lucas）的遺願於 1663 年設立的，首任教授是巴羅，1669 年由牛頓繼任。這個教席目前由當代著名的相對論學者霍金（Stephen Hawking）自 1979 年起擔任至今。

這結果。哈雷很驚訝地問牛頓，牛頓一時找不到原先的證明，答應哈雷儘快補一份給他。爲了重新推導出結果，牛頓全心全意專心地在這個題目的研究上，並在該年秋天開了一門課。11月牛頓把講義內容手稿交給哈雷看。哈雷大爲讚賞，再度造訪牛頓，設法說服牛頓把這些講義發表出來。牛頓因此寫了《論物體運動》（*De motu corporum in mediis regulariter cedentibus*），1684 年 12 月送交英國皇家學會。在哈雷的敦促與資助下，牛頓著手撰寫《自然哲學之數學原理》（*Philosophiae Naturalis Principia Mathematica*），通常又簡稱爲《原理》（*Principia*）。在這本書中，牛頓完整地寫下他的力學體系。從1684 年 12 月至 1686 年 5 月，花了一年半完成，以拉丁文寫成，在 1687 年正式出版。

《原理》第一卷首先定義什麼是慣性、動量與力，然後牛頓寫下他的運動三定律。接著牛頓討論了一些微積分的定理，以古典的幾何方式加上極限的概念來表現。介紹了新的數學工具後，牛頓就開始討論平方反比向心力與克卜勒運動定律之間的互導、橢圓及橢圓運動的性質、各種擺線的幾何性質、兩物體間因引力而起的運動、球體對質點的引力及三體運動等等。

第二卷所討論的是阻力之下的運動，是流體力學的開端。有些地方假定阻力與速度成正比，或與速度的平方成正比，或是兩者的混合。

第三卷名爲「世界體系」則把第一卷的數學結果用到自然現象上。譬如根據觀測，木星的衛星繞木星運行的確符合克卜勒的面積律，因此由第一卷的結果得知，吸引衛星的引力應該是向著木星的。又因衛星也符合周期律，所以由第一卷的結果

圖一　《自然哲學之數學原理》

如此向心引力更遵行平方反比律。也就是說，吸引衛星的引力也符合萬有引力公式。用這種方式的推論，牛頓得到許許多多結果。有些結果可以解釋已知的現象，譬如潮汐、月球的不規則運動等等。

牛頓在《原理》一書中用了歐幾里德的《幾何原本》的推演法，每一卷都有許多定理、引理、及證明。以幾何圖形分析方法，將克卜勒行星三大運動定律包含在他的力學體系中，取代當時盛行的亞里斯多德運動學。1680 年 11 月和 1681 年 3 月，兩次的彗星出現，牛頓通過計算得出，發現這是同一個彗星，它以太陽為焦點作拋物線運動，它對太陽的向心力也是與距離平方成反比的。1695 年哈雷假定，此彗星軌道是繞行太陽扁而長的橢圓形。在《原理》第三卷中，哈雷與牛頓重新計算，預言這顆彗星每 75 年繞太陽一周，這就是著名的哈雷彗星（中國最早對此彗星的紀錄是在公元前 1057 年）。牛頓在《原理》中把經典力學確立為完整而嚴密的體系，把天體力學和地面上的物體力學統一起來。哥白尼開始的科學革命，終於在牛頓的手中成了氣候，而為此後三百年的科學進展奠下深厚的基礎。

二、牛頓《原理》中的時空與運動

時間與空間是人類文明古老的觀念。對於一個物體的大小，我們可以量長寬高，利用歐幾里德幾何來算出體積。對於一個物體的位置，只要知道它與另一個物體之間的上下左右前後的距離，用歐幾里德幾何也可以確定位置。但是對於運動物體，我們除了確定位置還是不夠，還需要知道物體的瞬間速度

和加速度。

　　牛頓說「如果我看的更遠，是因為我站在巨人的肩上」。這些巨人包括文藝復興時期的哥白尼、第谷、克卜勒、伽利略與笛卡爾，他們改變了自古希臘哲人亞里斯多德以來的觀念。在亞里斯多德的運動學中，所有物體都是在靜止狀態的，如果有運動必定有起因。用現在的數學語言，亞里斯多德的時空，可以用三維空間與一維時間來表達（見圖二），其中靜止狀態不隨時間變化用圖中的箭頭來表示。

　　然而牛頓改變了自亞里斯多德以來的運動觀念，而改以牛頓《原理》中的第一定律，描述了不受力的物體的狀態，為保持靜止或直線勻速運動。

　　定律 I：每個物體都保持其靜止或勻速運動的狀態，除非有外力作用於它迫使它改變那個狀態。

　　這個運動就叫做慣性運動。我們可以將這些慣性運動，表示為圖三上面帶箭頭的直線。

　　除了直線運動之外，其他曲線的運動就是加速運動，都是受力的結果。這就是牛頓第二定律。

　　定律 II：運動的變化正比於外力，變化的方向沿外力作用的直線方向。

　　依據這個定律，這個加速度就等於外力除以質量。我們也可以根據物體的運動來求出外力。這個外力是所有受力之和，考慮到兩個物體間的相互作用力，牛頓於是在第三定律上，說明了兩個物體的相互作用力是大小相等而方向相反的。

　　定律 III：每一種作用都有一個相等的反作用；或者，兩個物體間的相互作用總是相等的，而且指向相反。

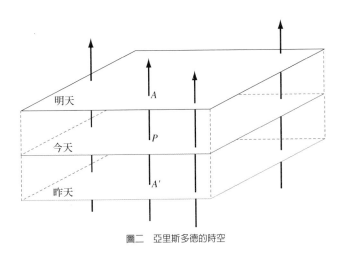

圖二　亞里斯多德的時空

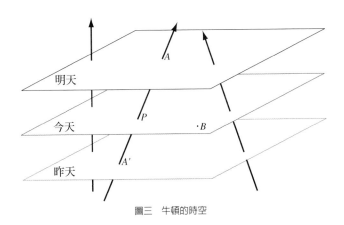

圖三　牛頓的時空

　　除此之外，對於不同的力的來源，有不同的力的定律。力的定律與物體之間的距離，以及物體的特性有關。對於萬有引力，力的定律是與距離的平方成反比，而與兩物體的質量成正比，這就是著名的牛頓萬有引力定律：

$$F = \frac{GMm}{r^2}$$

　　伽利略提出力學定律應該在勻速運動下不變，這就是伽利略相對性原理。雖然牛頓定律是符合伽利略相對性原理的，但是牛頓在《原理》一書中，卻花了許多功夫來說明絕對空間的觀念。有趣的是，在 1684 年《論物體運動》中，牛頓提出了五個定律，其中第四個就是伽利略相對性原理。在後來 1687 年的《原理》一書中，牛頓捨棄了第四定律，將他的力學體系，簡化成我們現在熟悉的牛頓三大力學定律。為了明確的描述他的三個定律，他引進了絕對空間的概念。絕對空間的概念卻引發了許多問題。因為如果存在絕對空間，物體相對於這個絕對空間的運動原則上就應該可以測量。這相當於要求，在某些力學運動定律中，含有絕對速度，這樣牛頓的力學定律就不完整了。現在我們知道，以現代的數學語言，我們並不一定要引進絕對空間。牛頓的時空，以現代微分幾何的語言來表示，就是一個以一維時間為基，而以三維歐氏空間為纖維的纖維叢。這樣一來，牛頓的力學，就不必建立在絕對空間，而是可以建立在絕對時間及相對空間的基礎上。

　　牛頓《原理》一書中的絕對時間觀念，則遭到萊布尼茲

（Gottfried Wilhelm Leibniz, 1646-1716）等的批評。萊布尼茲認為，時間只能定義在真實的事件過程之間的關聯上，後來被稱為關聯時間觀（Relational time），與牛頓的絕對時間觀（Absolute time）相對應。讀者可以想像我們的宇宙是一個演奏廳，空蕩蕩的，只有一個角落上不起眼的節拍器，不斷地在打著拍子（也許之前的樂團預演忘了留下來的）。節拍器打拍子就是牛頓的絕對時間，它永恆的一直在以固定的速度在打拍子，而與宇宙其他的事件無關。現在弦樂四重奏的音樂家們出場，宇宙開始運動了，音樂家們開始演奏弦樂四重奏的旋律。他們互相聆聽配合演奏出美麗的旋律，聽不到那角落的節拍器。在他們演奏的時候，他們創造出他們之間的節奏，他們的時間就是萊布尼茲的關聯時間。對於牛頓，那角落節拍器的絕對時間，才是真實的時間。對於萊布尼茲而言，弦樂四重奏的音樂家們，演奏的旋律，才是真實的時間。雖然關聯時間觀在哲學的角度上較好，以當時的數學工具，牛頓卻必須要引進絕對時間與空間的概念，來寫下他的力學定律。愛因斯坦（Albert Einstein, 1879-1955）也稱讚牛頓當時引進絕對時間與空間的勇氣與判斷力。

萊布尼茲當時無法提出一個符合關聯時間觀的理論。沿著這個思想，19 世紀的馬赫（Ernst Mach, 1838-1916），也對牛頓的絕對時間與空間提出批評，並試圖修改牛頓的絕對時間與空間的概念。愛因斯坦受到馬赫的影響，認為加速度必須定義在相對於一個由整個宇宙的動力學決定的參考系，而非牛頓理論中的絕對時間與空間，愛因斯坦由此得到符合關聯時間觀的廣義相對論。

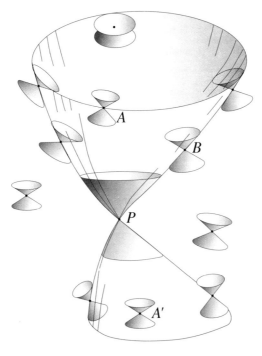

圖四　愛因斯坦的時空

值得一提的是，萊布尼茲從 21 歲起開始研究中國文化。他閱讀了法文版的孔子傳記和研究文集，又從在華傳教士手中獲得了許多研究中國問題的第一手資料。萊布尼茲通過與白晉神父的通信中，受到《周易》的啓發發展出二進制算法。他極爲推崇中國儒家思想，在其給法國宮廷顧問德雷蒙的長信中盛贊中國哲學，他提到：「這種哲學學說或自然神論是從約 3000 年以前建立的，並且極有權威，遠在希臘人的哲學很久之前。」他認爲中國的天命、天道是天在其運行中確定不移的法則，要服從理性的法則就必須順天，以達到先定的和諧。萊布尼茲的學術思想中滲透著中國文化的精髓，這在他的科學思想和哲學思想方面表現得最顯著。萊布尼茲還曾經提出一個叫做 vis viva（相當於現在叫做動能）的量。他並提出：動能的改變等於受力作的功，後來分析力學的主要想法也延續這個想法，而力的定律也被位能的觀念取代。這些觀念後來被證明是比較好用的觀念，能夠用來敍述一個系統的整體能量守恆。

如果我們問近代中國爲什麼沒有產生科學？其中一個原因也許就是在當時的數學背景下，關聯時間觀不容易產生近代科學的源頭——牛頓力學。萊布尼茲與馬赫並沒能寫下新的理論，一直到愛因斯坦才寫下符合關聯時間觀的廣義相對論。

然而，現代的物理定律，除了廣義相對論之外，還有量子力學。量子力學卻是建築在絕對時間觀念上。我們今天的物理學同時存在著兩種時間觀念，統合這兩個理論的量子引力理論還沒有成功，其中這兩種時間觀的統合也是最關鍵的問題之一，我們希望量子力學也能夠符合關聯時間觀。目前物理學家正在研究的理論，如迴圈量子引力（Loop Quantum Gravity）

理論，③ 就是能夠符合關聯時間觀的理論之一。

三、牛頓《原理》中的幾何分析方法

　　現代科學的語言使用微積分，微積分本身也是牛頓的發明，(萊布尼茲也獨立發現了微積分，我們現在微積分的符號則是沿用萊布尼茲的。) 但在牛頓的時代，流行的是自歐幾里德的幾何傳統。因此如果你翻一下牛頓的《原理》一書，你就會發現牛頓是照著歐幾里德的《幾何原本》方法，由公理、定理、然後到證明等等，以幾何方法寫成，所有的計算都以幾何圖形來呈現。

　　歐幾里德的《幾何原本》是人類歷史上一個大貢獻，第一次把推演法規律化。明朝萬曆年間傳教士大批到了中國。1582年來到中國的義大利傳教士利瑪竇 (Matthoeus Ricci, 1552-1610)，與明朝的大臣徐光啓 (1562-1633)，合作翻譯了歐幾里德的幾何原本前六卷。《幾何原本》是現傳中國第一部西方科學翻譯著作。許多數學名詞像「幾何」等都是當時徐光啓所首創。徐光啓翻譯幾何原本的時候雖早在 1607 年，那時牛頓還沒有出生，可是這翻譯有將近三百多年在中國沒有發生應該有的影響。這是因為中國缺乏希臘式的數理自然觀，知識界流行的是有機自然觀。在當時的數學背景下，有機自然觀不容易產生像

③ 關於迴圈量子引力理論，及其中的關聯時間觀，讀者可參考 L. Smolin, *Three Roads to Quantum Gravity*, Weidenfeld & Nicolson, 2000.

牛頓力學一樣的科學理論。

現在我們來看看，牛頓如何用幾何圖形，來推導出克卜勒行星運動定律。[4] 在《原理》一書的命題1定理1中，牛頓用第一定律、第二定律，以及萬有引力的向心性質，來導出克卜勒等積定律。圖五中S代表太陽，而圖中$ABCDEF$代表行星繞著太陽每隔一定時間的行進軌道。依據牛頓第一定律，如果不受力，則行星會從A運行到B，然後從B運行到C。但是因為受到太陽（向心的）吸引力，這個吸引力大小及方向由BV來表示，所以結果行星實際的運動軌跡是ABC。BC是Bc和BV兩個向量相加的結果。重複這個結果我們得到行星運行的軌道是$ABCDEF$。

現在又因為AB和Bc是相同的時間走的距離，所以$\triangle SAB$與$\triangle SBc$的面積相等（等底同高）。再由於SB與Cc平行，$\triangle SBc$與$\triangle SBC$的面積相等。所以我們得到$\triangle SAB$與$\triangle SBC$的面積相等。重複這個結果，我們也得出$\triangle SBC$與$\triangle SCD$的面積相等……即證明了克卜勒等積定律。

在現代的語言裏，這個面積又叫做行星對太陽的角動量，我們知道對太陽的向心力是不會改變這個角動量的。雖然牛頓並沒有用角動量一詞，但是他確知這個量的重要性，並證明了它在此向心力的作用下不變。

牛頓仔細推敲的結果，發現從克卜勒等積定律，可以推出太陽的引力是向心的（即指向太陽）。反過來，假定了向心力，

[4] 關於克卜勒定律請參考本書李國偉所撰之〈聆聽行星的天籟〉。

面積律就成為必然的結果。

假設克卜勒等積定律成立，牛頓接著證明了（見圖六）(i)當行星受到向心力反比於其與太陽距離SP的平方，行星會沿橢圓軌道行進，其中太陽在橢圓的一個焦點S上（《原理》一書中的命題 11），即克卜勒橢圓定律。(ii)假設行星受到的向心力，正比於其與橢圓中心點C的距離CP，在單位時間掃過面積相同的情況下，行星會沿著同一個橢圓行進（命題 10）。

在命題 14 定理 6 與命題 15 定理 7，牛頓由假定行星受太陽的力，反比於其距離的平方，證明了其周期的平方與軌道半長軸的三次方成正比（不因行星而不同），即證明了克卜勒和諧定律。

有趣的是，牛頓在命題 10 之中，假設行星受到的向心力，正比於其與此橢圓中心點C的距離CP，也能夠得到橢圓軌道以及等積定律。而在原理的第三卷，牛頓選擇了以與橢圓的一個焦點太陽距離SP的平方反比作為其萬有引力定律。因為這樣才能符合牛頓第三定律而能夠成完整的理論。

在《原理》一書中，牛頓就這樣一步一步地，用幾何的方法，從他的萬有引力定律來推導出克卜勒行星定律。諾貝爾物理學獎得主，天體物理學家錢德拉塞卡（Subrahmanyan Chandrasekhar, 1910-1995）在晚年對《原理》一書曾仔細研讀。他用現代的方法來重新證明牛頓書中的定理，然後再對照牛頓的證明。他發現牛頓的證明總是更高明的。錢德拉塞卡由此寫了一本《給現代讀者的原理》（Newton's Principia for the Common Reader），其中將原理一書以現代的數學語言呈現。錢德拉塞卡結論說，「如果沒有讀過《原理》，一個人在物理科學的

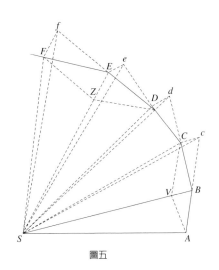

圖五

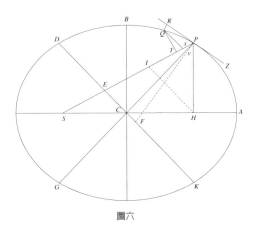

圖六

知識上是不完全的。正如如果沒有讀過《莎士比亞》，一個人在文學的知識上是不完全的。」⑤

牛頓的定律將天體的運行，地上蘋果從樹上掉下來的力，與地球的潮汐力合而爲一，用一個定律來解釋，所以看起來牛頓的定律是比較基本的。但是實際上，在物理學的研究中，我們很難說一個物理原理比另一個更基本。其實克卜勒行星定律不僅能夠用在行星運動上，它在電子繞著原子核的運動上也能夠適用，在這個情況萬有引力定律卻無法解釋。這個例子也許不是很明顯，因爲我們現在認爲萬有引力定律是比較基本的，但是在物理前沿的研究中我們常常沒有辦法說那一個比較基本。

著名的諾貝爾物理學獎得主溫伯格（Stephen Weinberg）曾經提到一個現在研究工作的例子。⑥ 當我們將量子力學與廣義相對論結合時，我們發現，從廣義相對論裏，我們可以得到引力場的能量是一個帶有自旋是 2，質量是零的引力子。相反的，我們也發現，一個帶有自旋是 2，質量是零的粒子，會得到與廣義相對論中引力子一樣的效應。那麼，究竟是引力子還是廣義相對論比較基本，我們不知道。這個問題的答案會影響你對未來物理研究的選擇：究竟未知的量子引力理論，是基於能夠得到引力子的弦理論，還是基於時空幾何爲基礎的圈量子引

---

⑤ S. Chandrasekhar, "On reading Newton's Principia at Age past Eighty", *Current Science*, 67, no.7, (1994) 495.

⑥ Steven Weinberg, "Can Science Explain Everything? Anything?" *The New York Review of Books*, 48, No.9, May 31, (2001).

力理論？

四、站在巨人肩上

西元 1727 年 3 月 20 日伊薩克・牛頓在睡夢中安然長眠，享年 84 歲。同年 4 月 4 日，他被安葬在倫敦西敏寺，一個安葬英國英雄們的地方。4 年之後，西敏寺爲他建立了一座紀念碑，至今仍聳立在大教堂的一側。紀念碑所在的園地，從此成爲英國著名科學家的最後安息地，除了牛頓之外，還包括達爾文，馬克斯威爾，法拉第，狄拉克等。紀念碑上面記載著拉丁文寫成的碑文：

> 在這裏安睡著伊薩克・牛頓爵士，他用非凡的智慧，以及他所發明的數學原理方法，首先證明了行星的運動及圖像，彗星的軌道，大海的潮汐，他研究了各種不同的光線，以及由此所產生的顏色的性質，而這些都是別人連想都沒想到的；對於自然、歷史和聖經，他是一個勤奮、敏銳而忠實的詮釋者。他用他的哲學證明了上帝的威嚴；他度過了簡樸的一生。所有活著的人都爲有他這樣一位偉人而感到幸福。……

在大理石碑之上是石棺，上面浮雕刻畫著一群孩子玩弄著望遠鏡，棱鏡，還有一個手拿著一枚新鑄造的金幣。石棺上橫躺著牛頓的雕像，背景的天球儀上面標示著 1680 年彗星的軌道。它的右肘倚著他的著作：《神學》，《聖經年代學》，《光學》

和《自然哲學之數學原理》。令人矚目的。標題爲《煉丹術法》的書卻在這裏缺席了。

目前全世界圖書館還保存著一些原版的《自然哲學之數學原理》，德國哥廷根大學圖書館，曾經保存著兩本《自然哲學之數學原理》，有一本看起來較髒而且被前人畫了很多注記，他們決定將那本拍賣了。結果發現這些注記竟然正是來自牛頓的勁敵——萊布尼茲。現在這個版本保存在瑞士日內瓦郊外的波梅里安納博物館（Bibliotheca Bodmeriana）。

然而後來英國沉醉於牛頓的成就，執著於牛頓的微積分符號，難懂的極限觀念，以及《原理》之中的經典幾何表示法，逐漸喪失數學與物理的領導地位。而歐洲大陸則用萊布尼茲的觀念與符號（這些符號至今仍然爲現今微積分教科書通用），使數學與物理有長足的進步。

終於在 1812 年的一個星期日早晨，一群劍橋大學的學生聚集起來成立了向歐洲大陸數學學習的「分析學會」（Analytical Society），使英國進入世界數學發展的潮流。主要的成員包括巴比矩（Charles Babbage, 1791-1871），賀什（John F. W. Herschel, 1792-1871），皮卡克（George Peacock, 1791-1858），以及伍道斯（Robert Woodhouse, 1733-1827）教授。他們開始翻譯許多法文的微積分書，大力提倡使用萊布尼茲的微積分符號。到了 1820 年，萊布尼茲符號被原先保持中立的劍橋大學教授胡威立（William Whewell, 1794-1866）用在考試題目上。之後萊布尼茲符號終於開始在英國大量使用。萊布尼茲符號的普及，也使得後來馬克斯威爾（James Clerk Maxwell, 1831-1879）能夠寫下電磁學的基本定律。這些結果奠定

了二十世紀相對論的基礎。

「分析學會」在 1819 年更名爲劍橋哲學會（Cambridge Philosophical Society），並於 1832 年成爲正式組織，現在仍然存在。這些分析學會成員也成爲英國數學及科學界傑出的人物。皮卡克對代數學的研究影響了著名的代數學家德摩根（Augustus De Morgan, 1806-1871），伍道斯與巴比矩曾經擔任劍橋大學盧卡斯數學教授，賀什成爲著名的天文學家。

1840 年鴉片戰爭之後，這些西方數學與科學思想也開始傳入中國。首先是英國教會在上海設立墨海書館（The London Missionary Society Press）。除了出版聖經外，還出版了許多科學譯作。包括李善蘭（1811-1882）與傳教士偉烈亞力（Alexander Wylie, 1815-1887）合譯的歐幾里德《幾何原本》後 9 卷（1857）、德摩根《代數學》（1859），還有中國第一部微積分學譯本《代微積拾級》。分析學會成員賀什在 1849 年出版的天文學通俗書籍《天文學綱要》（*Outlines of Astronomy*），全書共 18 卷，不僅對太陽系的結構和運動有比較詳細的敘述，而且介紹了有關恒星系統的一些內容，這本書被李善蘭與偉烈亞力譯成《談天》一書在 1859 年出版，第一次把萬有引力介紹到中國來。由英國劍橋分析學會於 1819 年出版胡威立著的《初等力學》（*An Elementary Treatise on Mechanics*），大量採用萊布尼茲的微積分符號，也被李善蘭與傳教士艾約瑟（Joseph Edkins, 1823-1905）翻譯，定名爲《重學》，它是譯成中文的第一部力學專著。李善蘭也翻譯了《自然哲學之數學原理》的一部分，書名譯爲《奈端數理格致》（奈端即牛頓），可惜未能完成出版。李善蘭創造了許多科學名詞，這些科學名詞還東傳到日本。今

天我們經常用到的代數、常數、函數、變數、微分、積分、切線、法線、漸近線等都出自他手。1868 年曾國藩與李鴻章於上海江南製造局內設翻譯館，翻譯了更多的西方科學著作。時值清朝末年，內憂外患，一直到 1919 年五四運動以後，中國近代數學與科學的研究才真正開始。

在二十世紀初，牛頓的姪女婚嫁的家族沒落了，而牛頓的筆記開始被沒落的家族拍賣掉，散落到民間。1936 年，在一個拍賣會上，著名的經濟學家凱因斯 (John Maynard Keynes)，覺得這是對牛頓的不敬，於是他設法在拍賣會上購得許多手稿，漸漸地他收集到超過三分之一的手稿。當他看了這些手稿之後大為震驚，他發現牛頓其實是一個煉丹術士。凱因斯在三一學院對它的學生說：「牛頓並不是人類理性的第一人，而是最後的煉丹術士」。在那之後，牛頓的真面目才漸漸的被揭曉。牛頓生在一個黑暗，迷信的世界。孤獨是他天賦中最本質的東西。在他的安奴米拉比里（驚奇的一年）中，他自學了當時人類的數學知識，隨後發現了現代世界用來理解變化的微積分，並且發現了宇宙運動的規律。在他的一生中，一方面為人類開啟了科學與理性之門，卻將自己秘密的奉獻給神秘而迷信的煉金術法。唯有把科學家回歸到一個平凡人來看，我們才能夠從這兩個截然不同科學與人文的角色中，看到其中的價值與意義。

愛因斯坦 (1878-1955) 的安奴米拉比里（驚奇的一年）發表的五篇論文，改變了二十世紀物理學。其中狹義相對論改變了牛頓物理學以來的時空觀念。一百年後的 2005 年，我們訂這一年為世界物理年，以紀念愛因斯坦的偉大發現。然而，正如

諾貝爾物理學獎得主溫伯格告訴我們，愛因斯坦的發現並無法徹底改變牛頓以來建立的物理學，孔恩（Thomas Kuhn）所言的典範改變並不曾真正發生，我們還是受到牛頓曾經走過的那一步的影響。「牛頓式物理學的誕生是一場巨大的典範改變，但是自此之後我們對運動的認識就不曾發生過這種程度的改變。不論是從牛頓到愛因斯坦式力學，或是從經典到量子物理。」[7] 英國著名的相對論學者邦迪（Hermann Bondi, 1919-2005）也說，我們能做的可能只是跟隨牛頓的腳步，我們可能仍然受到牛頓走的某一步的影響⋯⋯。我們不可能把它從我們的系統清除出去。[8]

那究竟我們的宇宙是遵照什麼樣的規律？什麼是時間？這些問題是不是自然界難以理解的事呢？我們是否最後能夠找到問題的答案？自然界最難以理解的事也許是我們自己，在這一個相較於宇宙微小的時間裡，宇宙允許我們問這些問題。而且一代傳一代，享受著問這些問題，以及與別人分享我們對這些問題看法的樂趣。

[7] S. Weinberg, "The Revolution that didn't happen", *The New York Review of Books*, Volume 45, Number 15, October 8, 1998.; S. Weinberg, *Facing Up: Science and Its Cultural Adversaries*，2001; 溫柏格著，李國偉譯，《科學迎戰文化敵手》，臺北：天下文化, 2003.

[8] H. Bondi, "Newton and the Twentieth Century—A Personal View" in Fauvel et al. eds, *Let Newton Be!* Oxford: Oxford University Press, 1988, p. 244.

有關牛頓的參考資料

1. J. Clark, *Isaac Newton*, Pantheon Books, 2003.
   本書作者利用近年牛頓塵封檔案公佈的時機，將豐富的資料寫成這本牛頓傳記，試圖將眞實的牛頓呈現給讀者。此書獲得 2003 年的普立茲獎，非常值得一讀。

2. M. White, *Isaac Newton: The Last Sorcerer*, Perseus Books, 1997.
   知名的傳記作家，與 John Gribbin 一起寫過霍金傳、愛因斯坦傳。〔中譯本爲陳可崗譯，《牛頓》（上）（下），臺北：天下文化，2002。〕

3. P. Fara, *Newton: The Making of Genius*, Columbia University Press, 2002.
   從文化的角度寫的牛頓傳，敍述牛頓如何被後人塑造成天才。

4. S. Chandrasekhar, *Newton's Principia for the Common Reader*, Oxford: Clarendon, 1995.
   錢德拉塞卡以現代的數學語言重新證明牛頓書中的定理，然後再對照牛頓的證明。由此寫了這本《給現代讀者的原理》。

牛頓年表

1607　（明萬曆三十五年）由利瑪竇、徐光啓翻譯《幾何原本》
　　　前六卷刊行。

1642　伽利略去世。牛頓誕生於英國林肯郡的沃思索普。

1661　進入劍橋大學三一學院。

1665　夏天回沃思索普家中躲避倫敦瘟疫。發展微積分，平方
　　　反比律。

1666　萬有引力觀念形成，並著手計算行星運行的軌道。利用
　　　棱鏡做實驗完成《關於顏色》論文。

1669　擔任劍橋大學盧卡斯數學教授。

1672　發表論文《光與色的理論》，並展開與胡克間的論戰。

1676　因萊布尼茲發展微積分，牛頓開始了兩人在信件往返與
　　　在期刊中公開論戰，一直持續到1716年萊布尼茲去世為
　　　止。

1684　發表論文《論物體運動》。

1686　完成巨著《自然哲學之數學原理》，花了18個月。

1687　《原理》初版發行，包含了萬有引力理論。

1688　擔任國會議員一年。

1696　離開劍橋，接受皇家造幣廠廠長新職，遷居倫敦。

1701　11月再度擔任國會議員，12月正式辭去盧卡斯數學教
　　　授。

1703　當選皇家學會主席。

1704　出版第二本巨著《光學》。

1713　《原理》第二版發行。

1722　年底腎結石的病況加劇。

1724　放棄造幣廠總監與皇家學會主席職務，並移居西郊肯辛
　　　頓的鄉下居住。

1726　《原理》第三版發行。

1727　3 月 20 日病逝於倫敦，下葬西敏寺。

1729　《原理》英文本由莫特（Andrew Motte）翻譯出版。

1812　分析學會成立。

1843　（清道光二十三年）英傳教士在上海創立墨海書館。

1857　李善蘭與偉烈亞力合譯的歐幾里德《幾何原本》後 9 卷。
　　　翻譯《奈端數理格致》（即牛頓的《原理》）但並未出版。

1905　愛因斯坦的安奴米拉比里年發表五篇重要論文，包括狹
　　　義相對論。

1915　愛因斯坦發表廣義相對論。中國科學社成立，在上海出
　　　刊《科學》雙月刊，為中國第一個採用橫排出版物，多
　　　次介紹愛因斯坦相對論。

1919　五四運動。

1922　愛因斯坦訪問上海。

1995　錢德拉塞卡出版《給現代讀者的原理》。

2005　世界物理年。

童若軒（上海師範大學天體物理研究中心教授）

上帝難以捉摹

愛因斯坦：《相對論原理》

一、送愛因斯坦回家

　　時值二月份的美國東岸，天空中正飄著雪，在一輛租來的別克雲雀（Buick Skylark）轎車上，三個「人」正整裝待發，準備展開一趟橫越美國大陸之旅。對於生長於二十世紀末的美國人來說，開車橫跨全國實在不是一件什麼了不起的壯舉，原本並不值得多費筆墨來描述；但是這次的確有所不同，最主要的原因是在這次旅程中有一位身分非常特殊成員，進而使得這次的行程吸引著全世界許多人的關注與目光。首先，就讓我們介紹這三個「成員」：第一位是負責開車的年輕的小伙子。確切的說，他是一個自由作家，那時的他正處於生命中的低潮，卻因緣巧合之下，參與了這次旅程。① 第二位是坐在年輕駕駛旁

---

① 他將此旅程的詳細過程寫成一本書《送愛因斯坦回家》。

邊，一位 84 歲的高齡的日暮西垂老人。他年輕時是普林斯頓醫院的一個病理科醫生，因為四十多年前，他做了件轟轟烈烈的大事，也改變他往後的命運。他不得不離開醫院，從此過著不安定的生活，並且一生背負著「竊取」的罪名。而最後一位則在後座，也正是我們的主角。事實上，它並不是一個活生生的人，它是大腦的部分切片，也是這位老醫生當年的部分「贓物」。而這個大腦的切片正是來自鼎鼎大名的科學家亞伯特・愛因斯坦（Albert Einstein, 1879-1955）。

　　1955 年 4 月 18 日愛因斯坦因為心臟病在普林斯頓醫院去世。在他過世之後，人們最有興趣的是，不外乎是這位舉世聞名科學家的大腦——究竟一個天才的大腦結構與常人的有何不同。在愛因斯坦嚥下最後一口氣之後，不到幾個小時，他的大腦就被人取出，它往後五十年的歷史就成了一個神祕的傳奇故事。取下愛因斯坦大腦的人，正是這位老人，當時醫院的病理醫生托馬斯・哈維（Thomas Harvey）。哈維利用為愛因斯坦驗屍的機會，悄悄地切開了他的頭皮，完整地取出了愛因斯坦的大腦，並將它切成了 240 塊，浸泡在防腐藥水中，帶回家並祕密保存起來。根據哈維的說法，他之所以會將愛因斯坦的大腦保存下來，最主要的目的是為了科學上的研究。實際上，哈維也的確把部分的大腦切片交給某些腦科專家研究，且完成一些相關論文發表。[2] 可是對於哈維私自取走愛因斯坦大腦並據為己有一事，輿論上一直對他有非常嚴厲的批判。

[2] 對於有關愛因斯坦大腦的相關研究，請參閱王道還在 2004 年 10 號《科學人》雜誌的專文。

　　關於此次旅程的目的，有一種說法是，因爲愛因斯坦在住院時期，曾經對哈維說想做一次橫越美國大陸之行，但這個願望一都沒有實現，所以哈維想藉由帶著愛因斯坦的大腦，替他實現遺願。然而，這趟旅途的最後的行程是拜訪住在西岸柏克萊的愛因斯坦的孫女艾芙琳（Evelyn Einstein），或許「歸還愛因斯坦的大腦」才是哈維最想做的。

　　愛因斯坦無疑是家喻戶曉級的人物。他在 1999 年 12 月 26 日被美國《時代雜誌》（*Times*）評選爲世紀偉人，相信各位讀者或多或少都聽聞過他的經典代表作——相對論（Theory of Relativity）。也有可能聽過愛因斯坦本人的火爐與美女的比喻，或像是雙生子謬論、時空彎曲等等的議題。而這些被譽爲「天上的詩篇」的理論，正是經由愛因斯坦的大腦，呈現在我們的眼前。

　　相對論從一開始，就以其艱澀難懂聞名，我們可以從卓別林（Charlie Chaplin, 1889-1977）在 1931 年與愛因斯坦的幽默對話中，可見一斑。卓別林對愛因斯坦說：「我們兩個都是名人，但是成名的原因卻有所不同，我出名是因爲任何人都看懂我在做什麼，可是你的成名卻因爲沒有人知道你在做什麼。」

　　當然相對論的重要性不是在於它的艱深難懂，而是在於它使我們對自然界的認知，產生了根本性的革命。從我個人的觀點來看，要了解相對論基本內容，最大的隔閡並不完全是在於它需要用高深的數學推演（在狹義相對論裡，我們僅需用到基本的代數運算就可討論其中主要結果），而是因爲它的基本概念和對自然的理解在出發點上，就與我們根深蒂固的傳統思維、觀念，有完全不同的看法。這一點才是相對論令剛開始試

圖去了解它的絕大部分的人，最感困惑的主要原因。（如果讀者
想要深入地瞭解狹義和廣義相對論，當然，就必須具備有微分
方程，甚至微分幾何的數學基礎。）

　　這篇文章的目的，只是希望能夠透過一個淺顯易懂的講
述，來介紹有關愛因斯坦相對論的基本精神。藉由本文，引發
讀者對相對論的興趣，提供讀者一把開啓之鑰，讓讀者能夠入
得其門去一探究竟，進而體會這人類最高智慧結晶之一所帶給
人們在認知上的躍進，知識啓蒙的喜悅，感受它所帶來的心靈
震撼，並一窺它的另一層次之美。

二、物理學的回顧

　　爲了說明相對論的基本精神，我們必須對理論物理學的發
展進程和其中的一些基本概念先做解釋。

　　就物理學本身而言，它之所以能成爲一門研究的學問，最
主要的原因就是有理可循。從觀測自然界的現象，進而探討其
形成的原因，會發現它們都遵循著一定的法則。而物理學的一
個重要目的，就是總結這些法則，歸納出物理定律。然後，依
照這些已成型的物理定律加以演算、解釋並預測自然現象。爲
了要描述自然現象，我們就必須使用適當的語言。首先，必須
先有精確的物理量來敍述特定的物理性質。例如，我們較爲熟
知的質量、速度、作用力等等，而自然現象所遵循的法則便是
用相對物理量之間的數學關係式（即所謂的物理方程式）來描
述。

　　自然界最根本的物理現象，就是物體的運動。其中的問題

可分為兩個部分：第一是物體如何運動，也就是物體依什麼規則來動。這個部分最基本的規則就是牛頓的三大運動定律，一般稱為牛頓力學或古典力學。第二是物體為何運動，也就是什麼原因讓物體動，換句話說，即為作用力的發生和遵循的法則。當時，人們所熟知自然界最主要的力為萬有引力，而牛頓的萬有引力定律告訴我們如何去計算它的作用。

但從另一個角度來看，我們也很容易地發現，各個物理量的數值大小，對於處於不同狀態的人（或稱觀測者）來看（測量）常常會有不一樣的結果。例如說，一棵樹對於站在它旁邊的人來說，是靜止不動的。但是，對於開車經過它的人來說，樹是向後運動。因此，樹的速度對於站在它旁邊的人跟車上的人是不同的。（發揮一下你的想像力，千萬別說樹是固定的，怎麼會動。）很自然地，我們會問：對兩個不同的觀測者來說，用來描述自然界現象的物理定律是否一致？

這個看似答案很簡單的問題，其實背後卻大有文章。這個問題關係到在物理學中扮演著舉足輕重的系統——慣性參考系（Inertial Reference Frame）。一個所謂的慣性參考系就是在此參考座標系下，一個物體若不受外力作用，此物體不是靜止不動，就是做等速度直線運動。而在相對論之前，我們問題的答案就是物理定律（相當於牛頓古典力學系統）在所有的慣性座標下是一致的，這就是所謂伽利略相對性原理。

然而在牛頓的運動學定律之中，其實還深深的隱含著一個極為重要的物理概念，那就是絕對時間和絕對空間的想法。牛頓本人當然也清楚明白這個道理。所謂絕對時空，簡單的說，就是時間和空間不會因不同的觀測者（參考座標系）而有所差

異。不論觀測者是靜止站在地面上或高速開車，甚至在太空旅行，他們所看到（測量到）的時間流逝、空間間隔大小都是一樣的。一般的經驗告訴我們，這是在自然不過的現象了。我們沒有因為在開車，而發現時間有什麼不同的變化，或者是出發地和目的地之間的絕對距離變得更近或更遠。因此絕對時間和絕對空間的觀念，長久以來就一直根深蒂固地植在每個人的心中，這也是在相對論出現之前，物理界普遍認同與不言而喻的結果，甚至不常被直接明白敍述出來。（這個刻板觀念便是進入相對論最大的障礙之一。因以，要了解相對論，我們就必須先屏除心中這個的固有成見。）

　　在絕對的時空基礎下，兩個相互間做等速運動的觀測者所觀測到的物理量很自然地就也被對應起來。其中最基本的是：時間是一致的、而空間上的差異即為兩者間的相對速度乘上時間。這就是所謂的伽利略座標變換（Galilean Coordinate Transformation）。而在這個變換之下，牛頓的運動方程式是不變的，這也正是我們先前所提到的伽利略相對性原理的數學嚴格論證。（當然牛頓的萬有引力定律，也是在伽利略的座標變換下保持不變。）

　　以牛頓的運動定律為根本的古典力學（含絕對時空的觀念）加上伽利略的相對性原理，兩者之間完美的配合，最終成為物理界的圭臬，也支配往後兩百多年的物理發展。這個一方獨尊的情況，一直到物理學家對另一個自然現象——電磁學（Electromagnetism）——日趨成熟與完備的理解後，才有明顯的改變。

　　對於電磁學的歷史，我們非常簡略的陳述其中幾個關鍵性

進展。從古希臘人用橡膠摩擦後的琥珀可以吸起碎紙片和磁鐵的發現中（如中國的指南車），人類從此就對電和磁有著無比濃厚的興趣。但長久以來，電和磁一直被認定並歸類爲兩個各自獨立的物理現象而分開研究。這種情況一直持續到 1831 年法拉第（Michael Faraday, 1791-1867）由實驗中所觀測到電磁感應（Induction）現象，而跨出了關鍵性的一步。法拉第發現到磁場（描述磁的大小的物理量）的改變會產生電場（描述電的大小的物理量）。這個實驗結果顯示電和磁的相關性，描述電和磁的方程式必須結合，不應該是完全獨立的了。磁場的貢獻正式進入原本只用來描述電場的方程式中。然而，此時電磁學的完整理論還未出現。幾年之後，馬克斯威（James Clerk Maxwell, 1831-1879）純粹地從理論上去分析包含法拉第感應定律在內的電磁基本方程式（電場和磁場各兩條方程式）和電荷守恆定律時，發現它們之間是互相矛盾的。其實其中的原因也不難理解，因爲如果只有磁會產生電，而電卻不會產生磁，實在是有點不符合自然界應有的特性。所以，只加入磁生電單向的貢獻是不夠的。1865 年馬克斯威爲了在數學上能夠自洽（即方程式之間不存在矛盾），在原本的電磁學方程式中，很天才地加入電生磁的貢獻。從此，完整的電磁學就此大功告成，而這最後的電磁學方程式也被稱做——馬克斯威方程式（Maxwell Equations）。理論物理向人們展現了威力，這個發展也常被比喻成理論物理的成功典範之一，它也爲愛因斯坦相對論的舞臺揭開了序曲。

讓我們再綜合回顧一下愛因斯坦那個年代的整個物理學背景。在十九世紀末，牛頓力學已經主宰物理界兩百多年，儼然

已成霸主。然而在另一個角落，電磁學的聲勢也日益壯大，不惶多讓。根據馬克斯威方程式所計算的結果與實驗吻合的程度，加上方程式本身的數學美感（可惜我無法用文字表達），讓人對人類的智慧成果讚嘆不已。正當絕大部分的物理學家們正在興高采烈地慶祝物理巔峰的到來，及物理學的終極目標似乎也即將完成之時，兩個革命性的新發展正悄悄地向世人招手，引人注意到它們的存在，其中之一就是相對論。

三、狹義相對論

相對論的萌芽，可以說是從牛頓力學與電磁學之間的對立開始的。在電磁學的理論完備之後，物理學家很快就發現電磁學和牛頓力學所遵循的相對性原理是不一致的。它們之間的矛盾，很清楚的體現在馬克斯威方程式在伽利略座標變換下是無法保持不變的。雖然如此，物理學家很快就找到一個合理的解釋。總結來說，這個不一致性的產生原因，不外乎下列三個可能：

1. 牛頓力學和伽利略變換是不正確的，必須提出修正。
2. 相對性原理只適用於牛頓力學，但對電磁學來說，則存在一個「特殊的參考系統」，馬克斯威方程式只在這個參考座標才下是成立的。
3. 馬克斯威方程式是有問題的，而正確的電磁理論必須在伽利略座標變換下保持不變。

　　讀者看到這裡，不妨先把書本放下，回想一下當時的物理學背景，設想如果你是身處在那個年代的物理學家，你會做出哪個選擇？

　　讓我們再重回歷史，看看當時物理學家的選擇。如先前所說，牛頓的古典力學已經支配物理界兩百多年之久，它所樹立的權威無形中大大地降低了人們挑戰它的勇氣，當然牛頓力學也曾經獲得很大的成功。例如，預測海王星的存在和它的運行軌道。另一方面，馬克斯威方程式計算結果的正確性和本身形上學的美，也讓人無法懷疑它的正確性。所以當時的主流意見則是傾向於第二個選項：馬克斯威方程式只適用在一個特殊的參考系統。那麼究竟是何種特殊參考體系呢？

　　當然促使當時物理學家做出這樣的選擇，其實還有一個很大的原因。因為電磁波是以波的方式傳遞，其中包含光在內，光已知是特定頻率範圍內的電磁波。（事實上光還有粒子的特性，不過這牽涉到量子物理，不在我們討論的範圍。）對於波的物理特性，依據我們的經驗（又是不完全正確），是要靠介質的震盪才會存在並傳播。例如，水波是由於水的震盪而產生並藉由水而傳播，聲波因空氣的震盪而產生並由空氣傳遞。所以電磁波「應該」也要有某種介質來傳遞它，因為光可以穿過太空，所以這種介質必須是充斥在整個宇宙之間。這種介質被稱為以太（Ether），而以太的論點也為我們前面所遇到的問題，提供了一個自然的答案——以太就是電磁學的特殊參考系統。

　　到此，在邏輯上，我們之前所點出的問題似乎已有一個合理的解釋。但是，這套理論架構，則是完全是建立在一個前提上面，那就是以太的存在。所以，當時物理學的重要目標之一，

就是去觀測並驗證以太的存在。如何能觀測以太的存在呢？

首先，我們早已確定地球不是宇宙的中心，它時時刻刻都在運動之中，而以太是存在於整個宇宙，所以地球相對於以太自然也是在運動，（如果假設地球相對於以太是靜止，則會有光行差的問題。）這就是測量以太存在的第一個要素。其次，我們需要利用波的一個很重要的特性，那就是波在介質中傳播的速度與波源的運動狀態無關，這個特性最直接的結果就是都卜勒效應（Doppler Effect）。利用這兩個性質，我們可以設計出一個實驗，將一道光是沿著地球運動的水平方向發射，而另一道光則射向垂直的方向，然後讓這兩道光在走相同的距離後反射回來。因為光在以太中傳播是跟地球的運動無關，而地球又是相對於以太在運動，因此對於沿著地球運動方向的光來說，反射鏡和光源在光的傳播的方向運動，因此它回到光源點所需的時間要比另一道光來的長。利用這個差異我們就可以測量地球相對於以太運動的速度（這個運動也被稱為「以太漂移」），並推論以太的存在。這個實驗實際上是很難做的，因為光的速度非常的快（每秒鐘可繞地球七圈半），因此所能測量的差異也就非常的小。無論如何，科學家滿懷信心地等待實驗的結果。

在 1881 年到 1887 年間，美國實驗物理學家麥克遜（Albert Michelson, 1852-1931）和化學家莫雷（Edward Morley, 1838-1923）就利用這個探測的方法，嘗試去測量以太漂移，最後的結果卻是出人意料之外。麥克遜—莫雷以極高精密度的設備利用光的干涉性質來檢驗這兩道光回到光源點的時間差異，但結果卻總是一樣——完全測量不到差異存在，兩道光總是同時回到光源點。

這個實驗結果被稱爲十九世紀理論物理學晴空中的一朵烏雲（當時烏雲總共有兩朵，另一朵烏雲則引發了量子物理的創立。），實驗顯示以太的論述並不正確。我們回到問題的起點，電磁學和力學間的矛盾，還是沒有獲得解決。我們又再一次面臨抉擇，只不過這次少了那個被認爲可能性最大的選項。

終於我們的主角要登場了。當時年輕的愛因斯坦也非常關注物理學界最前沿的發展，他特別從麥克遜—莫雷的實驗結果，去深入思考其中的深層意涵。根據愛因斯坦自己的說法，在他年輕的時候經常思考一個問題，那就是：當一個人以光的速度在運動，他是否會看到靜止不動的光（即電磁波）？這將會是一個什麼樣的世界？——毫無疑問的，這個問題直接碰觸到相對論所要討論的最基本問題。

就在物理史上不可思議的 1905 年，③ 愛因斯坦以一個 26 歲的瑞士專利局的職員在德國《物理學年報》（*Annalen der Physik*）上發表五篇研究論文，這些論文的內容對後來物理學的發展帶來了革命性的改變。其中兩篇是關於狹義相對論，被收錄在《相對論原理》書中。

基本上，愛因斯坦完全接受了麥克遜—莫雷的實驗結果，並進一步認定相對性原理的普遍性，不只是力學要滿足相對性原理，電磁學和其他的物理定律亦然。而對於馬克斯威方程和牛頓力學的正確性取捨，愛因斯坦選擇了前者。而且，爲了根

③ 1905 年是愛因斯坦的驚奇年（annus mirabilis），相似於從 1665 年到 1666 年牛頓的驚奇年（請參閱本書童若軒的文章）。

本解決所面臨的問題，愛因斯坦提出了兩個基本假設：

相對性原理：所有物理定律在任何慣性參考系統下都是一樣的，不存在任何特殊的參考系。

光速不變性：光速的大小在真空中對所有的參考系來說都是一樣的，而且是有限的。

對於這兩大假設，相信大家對「相對性原理」都能立即地接受與認同。這個假設的確要比力學滿足相對性原理，但電磁學卻不會的版本，要來得自然多了。但是對於「光速不變」的假設，你一定會說：「等等，這怎麼可能！」

沒錯，從我們的日常經驗來看，這個假設實在是有點匪夷所思。舉例來說，我們都知道從一輛運動中的火車車廂看一部以相同的速度往同樣的方向的汽車，汽車相對於火車的速度應為零。所以，我們在車廂中會一直看到汽車都在窗邊，感覺到它沒有在動。但是，如果火車和汽車都是以光的速度大小在前進的話（當然這只能是想像，實際上是無法達到），根據「光速不變」的假設，則火車上的人會看到汽車還是以光的速度往前跑，就跟地面上的人看到的是一樣。不會吧！

就如同愛因斯坦的一句名言「上帝是難以捉摸，但是他是沒有惡意的。(The Subtle is the Lord, but malicious He is not.)」，[4] 讓人難以置信地，真實世界就是如同愛因斯坦的假設

---

[4] 派伊斯（A. Pias）曾以此句作為他撰寫愛因斯坦傳記的書名，本文也以此句作為標題。

所說的一樣。從此之後，我們對時間和空間的看法將會完全的改變，時空不再是絕對的毫無相關。相反的，它們本質上是一體的，是不可分開的。其實這個天機已經曾被悄悄地揭露過了，光速本身就是以常數的形式出現在馬克斯威的方程式中（不要忘了光其實是電磁波的一種）。愛因斯坦是否受到這點的啟發，我無法確定，但是有一點我是確信的：要做這樣的假設還需要極大的勇氣和信心。

狹義相對論的基礎就建立在這兩個假設上。而「光速不變」這點，也正是想學習相對論的人必須先要克服的一大難關。從狹義相對論的兩大假設為基礎，就如同「相對論」字面的意義一樣，凡事都是相對的，也就是不同的人會看到不一樣的結果。時間是相對的：運動中的時鐘走的較慢——時間膨脹（Time Dilation）；空間是相對的：物體沿運動方的長度會收縮——長度收縮（Length Contraction）；同時性也是相對的：兩事件是否同時發生，也是應人而異。（但因果律是保持的，事件的原因永遠要比結果早發生。）然而有些東西在相對論上是絕對的，其一就是光速，它的大小對所有的慣性觀測者來說都是一樣的。另外就是物理定律和它們的方程式是絕對的，對所有慣性參考系都是一樣的。

關於狹義相對論的一些主要結果，在許多愛因斯坦的傳記中都有很淺顯的概略性地說明。本文的目的並不是要對相對論作完整的簡介，而只是希望闡述相對論中最根本的觀念，也是較難理解的部分。至於其中一些著名的物理結果，如前面所提到的：同時的相對性、時間膨脹、長度收縮或是質量和能量的轉換公式，有興趣的讀者不妨先從有關愛因斯坦的傳記書籍中

去嘗試了解其中的基本涵義,之後再閱讀一些比較深入探討的書籍。⑤ 在派伊斯的愛因斯坦傳記中,則有比較詳細的數學推導。當然讀者也可以嘗試去閱讀本書提到的愛因斯坦原始論文,體會愛因斯坦在研究創作過程中的嚴格推論,當然,這時絕對需要十足的耐心,反覆推敲才可能明白愛因斯坦在字裡行間所要表達顛覆傳統的思想脈絡和相對論的精神所在。

另外,有些結論非常值得在此討論與說明。愛因斯坦的工作,基本上是站在牛頓的肩上向前發展,其中最大的不同:狹義相對論可以去探討在高速運動系統的物理現象。這裡所謂高速運動是指其速度約可和光速相比擬。而對於我們日常生活中的物理系統,和光速比較起來,運動速度實在都非常小,所以體會不到相對論的效應。舉個例子,如果我們乘坐以音速飛行的飛機,根據相對論,我們的時間會變慢,但慢多少呢?如果我們坐音速飛機持續飛行了三百多年,也才不過是一秒的差別。這正說明相對論的效應對我們生活的影響是微不足道的。

再則,有關伽利略座標轉換,它是必須被推廣的。然而早在愛因斯坦發表相對論之前,洛倫茲(Hendrik Antoon Lorentz, 1853-1928)就已經找到正確的變換公式,他的出發點只為了一個非常簡單的理由,就是什麼樣的座標變換可以讓馬克斯威方程式保持不變。他經由數學的推導而寫下了現在稱為洛倫茲變換(Lorentz Transformation)的座標間的關係式,其

---

⑤ 例如朗道和盧莫(Landau and Rumer)的書就是一個很好的選擇,其中沒有數學公式,但卻有詳細的物理內容說明和討論。

中，時間和空間當然是可以互相轉換。雖然洛倫茲比愛因斯坦還早寫下正確的座標轉換關係，但更重要的是，這個變換背後所隱含的深刻物理意義，卻是愛因斯坦告訴我們的。

愛因斯坦在 1905 年的工作，替物理學界開啓了「相對論」和「量子物理」的大門。爲慶祝這物理史上驚奇的一年，我們將一百年後的 2005 年定爲國際物理年，各地舉辦了很多學術性或非學術性的活動，在臺北的 101 大樓也用燈光排列出愛因斯坦著名的質量和能量的轉換公式㈤,/㈧㈢樽。

四、廣義相對論

相信各位或許已經注意到，在有關狹義相對論的討論中，有一個似乎很重要，但讀者可能覺得有點饒口的名詞一直重複出現，那就是「慣性系統」。我們一直強調狹義相對論推論所得到的結果是建立在慣性系統之下（所以理論被稱爲「狹義」）。各位心中不免開始產生疑寶，我們的眞實世界並非只有慣性系統。一點也沒錯，在不同的慣性參考系間只能存在等速度直線運動的差異，類似於只能用等速度在跑的車子，而我們更常遇到的是非等速度的情況，就好比車子的加速或減速。然而，在非等速運動的系統中，如何討論相對性原理等等議題呢？如何從「狹義」進化成爲「廣義」呢？

當其他的人還在汲汲營營地想要搞淸楚狹義相對論的本質內涵時，愛因斯坦就已經注意到這個問題，也一直在思考如何解決。他並且也注意到加速系統和我們所熟知的一種作用力
──萬有引力──有非常相似的性質。所以，他體會到要解決

非慣性系統問題，將會與牛頓萬有引力定律的推廣息息相關。
這也意味著，牛頓百年宮殿中最後的一根樑柱也需要重新裝
修，以另外一種面貌重現世人面前。

　　愛因斯坦在對引力作用做了一番深入的反省後，發現到：
第一，牛頓的萬有引力定律無法符合狹義相對論的基本精神。
在牛頓的理論中，任意兩個帶有質量的物體間會產生吸引力，
這個力量的大小和兩個物體質量的乘積成正比，而與它們之間
的距離平方成反比。其中的關鍵假設是兩物體間的萬有引力是
一種超距作用（Action at a Distance），第一個物體是「瞬間
地」將作用力施加在第二個物體上，反之亦然。也就是說，引
力作用的傳播速度是無窮大的，這和狹義相對論中光速有限的
假設是相衝突的，（狹義相對論中，光速是所有物理現象所能傳
播的最大速度）所以牛頓萬有引力定律是需要被修正的。

　　第二是有關慣性質量和引力質量本質的比較。質量原本就
是我們熟知的概念，但根據質量在物理現象中扮演的角色來
說，我們需要更詳細的區分其本質上的差別。所謂引力質量就
是一個物體如何對其他物體產生引力作用的性質。而慣性質量
則是當一物體經受力作用後，決定它的運動狀態要如何改變的
依據。因此，兩者在物理的性質本質上是有所不同的。但是在
牛頓力學中，並沒有對這兩個不同的概念，做出應有的嚴格區
分。也就是說，一個物體擁有的兩個大小一樣但性質完全不同
的物理特性。這只是個偶然的巧合嗎？當然不是。而這個觀點，
正可以使以下推論成立的原因。

　　愛因斯坦推想，在一個完全封閉電梯中，我們是無法區分
出我們是在受到引力作用，或者是因電梯的加速向上，（嚴格地

說，這結論是必須侷限在極小的範圍中，但在這裡我們將忽略在這點上的嚴格性。）這個推論，類似伽利略的推論：在封閉的船艙中，我們永遠無法區分船是靜止不動，或者是在做等速直線運動。換另一種情況來說，對於一個正在做自由落體的系統中（如封閉的電梯），我們將無法分辨是否受到引力的作用。（嚴格上只針對極小區域，在有限的範圍內，我們是可以區分其中的不同的。）這個性質就是所謂的「等效原理」，它是愛因斯坦開啟廣義相對論大門的第一把鑰匙。

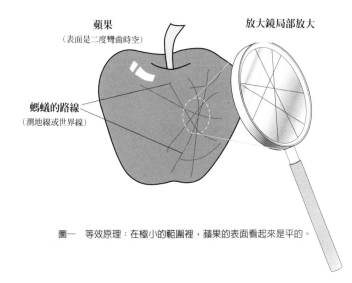

圖一　等效原理：在極小的範圍裡，蘋果的表面看起來是平的。

對於另一個廣義相對論的要素，愛因斯坦也再一次顯露出他那不可思議的獨到見解，就是利用幾何方法，來描述引力作用。事實上，在日常生活中我們早已習慣用最直覺的三維空間

圖像，用三個座標，如經度、緯度和高度，來說明一個物體的位置。而在狹義相對論中，我們必須要使用一個四維的時空圖像，但因爲時間和空間是一體的，所以時間和空間是彼此可做座標變換的。對於狹義相對論中所討論的物理範圍來說，這個四維的時空是平直，稱做「閔可夫斯基時空」（Minkowski Space-time）。

　　但是，如果在這系統中包含了引力作用，基於引力會使物體產生加速度，也就會形成非慣性系統。爲了建構出一個符合相對論性的引力理論，愛因斯坦將兩個物體間的引力作用解構成兩個步驟來達成：首先一個有質量的物體會使它所處的時空產生彎曲，注意這裡所說的彎曲是包含時間在內。物體的質量愈大，時空就會彎曲的愈利害。用一個最直覺的例子說明，想像一個平坦的橡皮膜上（對應於平直時空），如果在這膜上放一個重物，就會產生一個彎曲的形狀，而質量使時空彎曲的想法，在圖像上，就跟彎曲的薄膜一樣。當我們把物體放在橡皮膜上時，膜的彎曲會先從物體接觸到膜的那點開始，然後再慢慢地擴展到遠處，而整個彎曲過程是動態的，是需要時間的。換言之，引力作用的傳遞不是瞬時的，當然也不是超距的，這就能符合了狹義相對論的要求。因此，時空彎曲的的想法爲我們找到了一個更精確的方式來表達引力作用。

　　除此之外，如果我們只將視野侷限在彎曲時空中的一個非常小的區域，我們是不可能會感受到時空的彎曲。就像圖中的例子，如果將蘋果的局部放大，那麼這局部看起來也將會是平的。另一個更實際的例子，在相對於地球半徑很小的範圍內，我們看到的地球也是平坦的。這正是等效原理的精神所在。

　　描述引力作用的第二步，就是要說明另一物體如何感受到引力作用，也就是另一物體在彎曲時空的圖像中，是如何運動的。想法很簡單，一個受到引力作用的物體，在廣義相對論的描述下，會在彎曲時空中運動，而它所走的路徑就是數學上早已熟知的「測地線」（Geodesics）。用我們直覺的橡皮膜為例子，把一顆很輕的小球，讓它在彎曲的橡皮膜上滾動，而它走出的路徑，就是我們所謂的測地線。不同起始狀態的小球，例如有不同的初速度，則會走出不同的路徑來。這便是廣義相對論對引力描述的完整圖像。惠勒（John Wheeler, 1911-）對這樣的關係，有一個精闢的說法：

時空告述物質如何運動
（space-time tells matter how to move）
物質告述時空如何彎曲
（matter tells space-time how to curve）

　　根據這樣的想法，愛因斯坦在 1915 年建立了廣義相對論的理論基礎，並且推導出整個理論的數學架構，寫下了著名的愛因斯坦方程式，完全確立了物質如何彎曲時空的詳細機制。

　　廣義相對論的正確性，很快就得到實驗的驗證。其中最具戲劇性的，便是光線的偏折。因為時空的彎曲，從遠處產生的星光在經過星球附近，它的路徑會產生偏折。然而，為了達到可觀測的效果，我們的觀測體必須是具有大質量的星體，綜觀地球附近，太陽是不二的選擇。但是太陽光卻會阻礙我們對星光的觀測，所以唯一的希望就是日全蝕的時候，當太陽光完全

被月亮遮掩後，我們才有機會觀測星光是否受太陽的引力影響而產生偏折。在 1919 年時有一次日全蝕，⑥ 為了驗證廣義相對論，英國科學家在愛丁頓（Arthur Eddington, 1882-1944）的指揮下，成立兩個觀測小組分別到巴西和非洲進行觀測，結果證實了愛因斯坦的理論。同年英國的《泰晤士報》在 11 月 7 日以頭條宣稱〈科學的革命—天地萬物的新理論—推翻牛頓的思想—空間是彎曲的〉（Revolution in Science—New Theory of the Universe—Newton's Ideas Overthrown—Space 'Warped'）。在此之後，全世界的新聞媒體爭相報導，愛因斯坦一夕成名。

　　愛因斯坦很快就體認到宇宙學是廣義相對論的一個重要舞臺。我們的宇宙從誕生到現在，引力一直是最重要的作用力。使用愛因斯坦方程式所演算出的宇宙演化過程，我們發現它是隨時在「動」的：它可能是在收縮（就好像在地球上物體會掉到地面一樣），也可能是在膨脹（如果物體有足夠大的初速度，就可脫離地球，只是速度會越來越小），但不可能是靜止的。這個結果給愛因斯坦帶來很大的困擾，因為他相信宇宙是靜止的。愛因斯坦修改了他的理論中的基本方程式，引進了宇宙常數項（Cosmological Constant），其目的在於能夠產生排斥力，用來抵銷引力作用，靜止的宇宙⑦ 便得以產生並存在。幾年

---

⑥ 在 1914 年時也有一次日全蝕，那年德國的天文學家也曾前往西伯利亞去驗證光線彎曲的預言，但因第一次世界大戰爆發，那些德國來的天文學家就成了蘇俄的階下囚。

⑦ 事實上，這樣的靜止模型是不穩定的，只要排斥力或吸引力稍微大一點，宇宙就不再是靜止的。

後,當哈伯(Edwin Hubble, 1889-1953)從觀測到星球光譜的紅移,發現宇宙是在膨脹後,愛因斯坦自嘲的說,宇宙常數項是他一輩子犯下最大的錯誤。然而,近代的天文觀測結果顯示,我們的宇宙不只是在膨脹,而且還是在加速膨脹(膨脹的速度越來越快)。這出乎意料的結果顯示自然界確實存在排斥力,[8]於是學者再度重拾起愛因斯坦字紙簍裡的宇宙常數項。無疑的,宇宙常數項已經以另一種形式悄悄地敗部復活。

五、結語

愛因斯坦晚年的工作,致力於統一場論的努力。統一場論是理論物理學家的一個夢想,希望能將我們已知的基本物理現象,能夠完全由一個完整的理論來描述。而目前最大的鴻溝,就是廣義相對論和量子力學之間的矛盾。雖然愛因斯坦也是量子物理的開山祖師之一,但是他一直無法接受用機率的方式來解釋微觀物理的行為。他的一句名言是「上帝不玩骰子」。他在量子物理的根本議題上,和波爾(Niels Bohr, 1885-1962)爭論了一輩子。雖然愛因斯坦—波多爾司基—羅森(Einstein-Podolsky-Rosen)謬論對量子力學的完備性提出犀利的批判,然而量子力學與觀測結果不可思議的符合,使得愛因斯坦在這議題上一直處於下風,不得不承認量子力學是有用的。

而如今,許多資質聰穎的理論物理學家,正日以繼夜在為

---

[8] 產生排斥力的來源統稱為「暗能量」(Dark Energy),請參閱本書吳建宏所撰〈宇宙的本輪〉。

構造一個完備的量子引力理論而努力，弦論（String Theory）和迴圈量子引力（Loop Quantum Gravity）是目前兩個可能的候選者。但是我們離最後的目標還有一段長遠的距離，幸運的話，或許我們在不久的將來能夠站在愛因斯坦的肩上，看得更遠，知道更多大自然的奧祕。

最後，我想要強調的是，正因為愛因斯坦「體認到」牛頓理論的不足，所以盡己之力推動了人類智慧巨輪前進。今後的物理學進展，必定是站在愛因斯坦理論的不足點上，向前推進。請牢記，「不假思索就尊重權威，這是真理的大敵」。

有關愛因斯坦的參考資料

1. A. D. Aczel, *God's Equation*, Dell Publishing, 1999;
《愛因斯坦的方程式》，戴季全譯，時報文化，2001。

2. D. Brian, *Einstein: A Life*, Wiley, 1997;
《愛因斯坦》（上、下），鄧德祥譯，天下文化。

3. A. Einstein, *The Meaning of Relativity*, Princeton U Press, 2004;
《相對論的意義》，李灝譯，凡異，1994，
《相對論的意義》，郭兆林譯，臺灣商務，2005。

4. A. Fölsing, *Albert Einstein: A Biography*, Penguin, 1998.

5. P. Frank, *Einstein: His Life and Times*, Da Capo Press, 2002;
《愛因斯坦傳》，張聖輝譯，志文出版社，1975。

6. L. D. Landau and G. B. Rumer, *What is relativity*, Dover, 2003.

7. A. Lightman, *Einstein's Dreams*, Warner Book2, 1994;
《愛因斯坦的夢》，童元方譯，天下文化，2005。

8. A. I. Miller, *Einstein, Picasso: Space, Time, and the Beauty That Causes Havoc*, Basic Books, 2002;
《愛因斯坦和畢卡索：兩個天才和二十世紀的文明歷程》，劉河北、劉海北譯，聯經，2005。

9. M. Paterniti, *Driving Mr. Albert: A Trip across America with Einstein's Brain*, Dial Press, 2001;

《送愛因斯坦回家》，陳俊賢譯，大塊文化，2001。

10. A. Pais, *Subtle is the Lord: The Science and the Life of Albert Einstein*, Oxford U Press, 1982.

11. A. Pais, *Einstein Lived Here*, Oxford U Press, 1994.

12. M. White and J. Gribbin, *Einstein: A Life in Science*, Dutton, 1994;

《愛因斯坦》，容士毅譯，牛頓出版公司，1995。

13. C. M. Will, *Was Einstein Right? Putting General Relativity to the Test*, Basic Books, 1993,

《愛因斯坦錯了嗎？廣義相對論的全面驗證》，沈榮聰、王榮輝譯，牛頓出版社，1997。

14. 王道還，〈愛因斯坦大腦傳奇誕生〉，《科學發展》月刊，第 364 期，第 80 頁。

愛因斯坦年表

1879	愛因斯坦於 3 月 14 日生於德國烏爾姆（Ulm）的小城鎮。
1880	全家遷往慕尼黑（Munich）。
1885-88	在天主小學就讀，並在家接受猶太教教育。
1888-94	就讀中學。
1894	父母遷至米蘭（Milan），六個月後愛因斯坦在沒有完成中學學業下，去義大利與家人團聚。
1895	在瑞士阿勞鎮（Aarau）的州立學校上學。
1896	放棄德國國籍。
1896-00	在蘇黎世（Zürich）聯邦工業大學就讀。
1901	加入瑞士國籍；完成他的第一篇科學論文；在瑞士的一所學校當臨時教員。
1902	在伯恩（Bern）的瑞士專利局擔任專利審查員。
1903	1 月 6 日與米列娃（Mileva Maric）完婚。
1904	5 月 15 日兒子漢斯（Hans）出生。
1905	愛因斯坦的奇蹟年，發表有關光量子（Light Quantum）、布朗運動（Brownian Motion）和狹義相對論（Special Relativity）的論文；獲得蘇黎世大學哲學博士學位。
1906	晉升為二級專利審查員。
1907	發現等效原理（Equivalent Principle）。
1908	任伯恩大學講師。

1909	辭去專利局職位，任蘇黎世大學理論物理學副教授。
1910	7 月 28 日次子愛德華（Eduard）出生。
1911	預測光線偏折；在布拉格（Prague）的德國大學任理論物理學教授。
1912	任蘇黎世聯邦工業大學理論物理學教授。
1914	任柏林大學教授，成爲普魯士科學院（Prussian Academy）院士；與米列娃分手。
1915	完成廣義相對論（General Relativity）的理論架構。
1916	發表廣義相對論。
1917	完成第一篇宇宙學論文，引進宇宙常數項（Cosmological Constant）；在往後三、四年間飽受疾病折磨，受表姊愛兒莎（Elsa）照顧。
1918	第一次世界大戰結束。
1919	與米列娃離婚，與表姊愛兒莎結婚；在非洲和巴西利用日全蝕觀測到光的偏折，證實廣義相對論，愛因斯坦從此譽滿全球。
1920	任萊頓（Leiden）大學特別訪問教授；柏林群眾聚會，反對廣義相對論。
1921	訪問美國，在普林斯頓（Princeton）大學講授相對論。
1922	完成第一篇有關統一場論論文；前往日本講學並訪問新加坡、香港和上海，途中獲悉榮獲 1921 年的諾貝爾物理獎。
1924	發表玻色—愛因斯坦（Bose-Einstein）統計理論。
1925	訪問南美洲。

1927	與波爾（Niels Bohr）就量子力學基礎展開激烈爭論。
1930-32	連續三個多天前往美國，主要訪問加州理工學院（CalTech）。
1933	納粹（Nazis）掌權；愛因斯坦移民美國，任普林斯頓高等研究院終身研究員。
1935	提出量子力學完整性的反對理論，發表愛因斯坦─波多爾司基─羅森（Einstein-Podolsky-Rosen）謬論。
1936	12 月 20 日愛兒莎去世。
1939	致信羅斯福（Roosevelt）總統，建議美國研製核武器。
1940	加入美國國籍。
1945	第二次世界大戰結束。
1952	被提名任以色列（Israel）總統。
1955	共同簽署羅素─愛因斯坦（Russell-Einstein）宣言警告核武威脅；因心臟病於 4 月 18 日在普林斯頓醫院逝世，享年 76 歲。

陳江梅（中央大學物理系助理教授）

國家圖書館出版品預行編目資料

星空的思索：一幅有待完成的宇宙拼圖／
吳建宏，余海禮，李國偉，童若軒，陳江梅著.
-- 初版.-- 臺北市：
大塊文化，2006 [民 95]
面： 公分.-- (giant ; 008)

ISBN 986-7059-01-8(平裝)

1. 科學—文集

307 95002137

105 台北市南京東路四段 25 號 11 樓

廣 告 回 信
台灣北區郵政管理局登記證
北台字第 10227 號

大塊文化出版股份有限公司　收

地址：□□□ ＿＿＿＿＿市／縣＿＿＿＿鄉／鎮／市／區
　　　＿＿＿＿＿路／街＿＿段＿＿巷＿＿弄＿＿號＿＿樓
姓名：

編號： GI008　書名：星空的思索

大塊 LOCUS 文化 讀者回函卡

謝謝您購買這本書，爲了加強對您的服務，請您詳細填寫本卡各欄，寄回大塊出版 (免附回郵) 即可不定期收到本公司最新的出版資訊。

姓名：＿＿＿＿＿＿＿　身分證字號：＿＿＿＿＿＿＿　性別：□男　□女

出生日期：＿＿＿年＿＿＿月＿＿＿日　聯絡電話：＿＿＿＿＿＿＿＿＿

住址：＿＿＿＿＿＿＿＿＿＿＿＿＿＿＿＿＿＿＿＿＿＿＿＿＿＿

E-mail：＿＿＿＿＿＿＿＿＿＿＿＿＿＿＿＿＿＿＿＿＿＿

學歷：1.□高中及高中以下　2.□專科與大學　3.□研究所以上

職業：1.□學生　2.□資訊業　3.□工　4.□商　5.□服務業　6.□軍警公教
　　　7.□自由業及專業　8.□其他

您所購買的書名：＿＿＿＿＿＿＿＿＿＿＿＿＿＿＿＿＿＿＿＿＿

從何處得知本書：1.□書店 2.□網路 3.□大塊電子報 4.□報紙廣告 5.□雜誌
　　　　　　　　6.□新聞報導 7.□他人推薦 8.□廣播節目 9.□其他

您以何種方式購書：1.逛書店購書 □連鎖書店 □一般書店　2.□網路購書
　　　　　　　　　3.□郵局劃撥 4.□其他

您購買過我們那些書系：

1.□ touch 系列　2.□ mark 系列　3.□ smile 系列　4.□ catch 系列　5.□幾米系列
6.□ from 系列　7.□ to 系列　8.□ home 系列　9.□ KODIKO 系列　10.□ ACG 系
列 11.□ TONE 系列　12.□ R 系列　13.□ GI 系列　14.□ together 系列　14.□站
在巨人肩上系列　15.□其他

您對本書的評價：(請填代號 1.非常滿意 2.滿意 3.普通 4.不滿意 5.非常不滿意)

書名＿＿＿＿　內容＿＿＿＿　封面設計＿＿＿＿　版面編排＿＿＿＿　紙張質感＿＿＿＿

讀完本書後您覺得：

1.□非常喜歡 2.□喜歡 3.□普通 4.□不喜歡 5.□非常不喜歡

對我們的建議：＿＿＿＿＿＿＿＿＿＿＿＿＿＿＿＿＿＿＿＿＿＿

＿＿＿＿＿＿＿＿＿＿＿＿＿＿＿＿＿＿＿＿＿＿＿＿＿＿＿＿＿＿＿＿＿

＿＿＿＿＿＿＿＿＿＿＿＿＿＿＿＿＿＿＿＿＿＿＿＿＿＿＿＿＿＿＿＿＿

＿＿＿＿＿＿＿＿＿＿＿＿＿＿＿＿＿＿＿＿＿＿＿＿＿＿＿＿＿＿＿＿＿

LOCUS

LOCUS